JN073230

わたしたちのウェルビーイングをつくりあうために
―その思想、実践、技術

Towards a Collective Wellbeing

渡邊淳司／ドミニク・チェン　監修・編著

安藤英由樹／坂倉杏介／村田藍子　編著

はじめに

ウェルビーイングとは、「わたし」が一人でつくりだすものではなく、「わたしたち」が共につくりあうものである。これが、本書の中核となるシンプルなメッセージだ。

人の心はいかにして充足するのか。医学、心理学、統計学といった、近代社会における諸科学の発展のなかで、人間の心の働きや状態を観察・分類し、そこから法則性を導き出すということが行われてきた。世界中の人々の幸福度が調査されるとともに、その幸福を構成する要素、つまりウェルビーイングの要因を導き出すための、より細密な研究が加速している。人がどのようなときに、どんなことに対して充足を感じるのか。そのデータを統計的に処理し、"人間一般"の性質を導き出す。それは人間科学としてはまったく問題がない。しかし一方で、人の心を充足するための働きかけ、ウェルビーイングに向けたサービスや福祉、社会政策を検討するにあたっては、"人間一般"を対象として考えると、大きな問題を引き起こしてしまう。

個々人はそれぞれ固有の趣向や物語の中で生きており、データを平均することで生み出された誰でもない"人間一般"に向けたサービスが、誰かの心を十全に満たすことはないだろう。もちろん、これまでもそれぞれに向けたサービスが検討されてきたが、現実として、すべての個人にカスタマイズすることは無理な話である。だからと言って、「効率性」や「経済性」だけを第一原理とすることが最善とも思えない。さらに、こうした既存の「ものさし」にとらわれると、サービス対象である人の心を一つの制御対象として機械的に捉えてしまうことすらある。ウェルビーイングは、こうした効率性や経済性といった既存の「ものさし」に代わる、人それぞれの心を起点とした新しい発想の「コンパス」となるものである。

また、これまでのウェルビーイングの研究は、個人の心の充足を主たるテーマとして扱ってきた。そこでは、自分の状態を見つめ、理性的に心を制御することが理想とされている。これは、心理学・社会科学をリードする欧米の、個人が屹立し、それらの充足から始まる個人主義的（Individualistic）な社会観が影響しているのかもしれない。とはいうものの、人間は社会性を生存戦略とし、いくら個人主義が浸透しようとも、社会的な生物であることは変わらない。であるならば、「わたし（個）」だけでなく「わたしたち（共）」のウェルビーイングについても、もっと考えるべきではないだろうか。

一人でいる限り、個人のウェルビーイングに良いも悪いもない。しかし、その個人が複数集まったとき、何を優先すべきか、ウェルビーイングに関する競争が生じる。ある人のウェルビーイングを満たすことは、別の人のウェルビーイングを損なうことにもなりうるのである。このとき、力の強い人のウェルビーイングはより満たされ、力の弱い人のウェルビーイングはより損なわれるということになる。このような状況は、社会として是とすることは難しいだろう。個人主義とは別のウェルビーイングの価値観を導入することで、異なる社会像を目指すことはできないだろうか。

オルタナティブな価値観のひとつとして、日本をはじめとする東アジアの集産主義(Collectivistic)的な価値観が挙げられるだろう。「わたしたち」という個の集合的な総体のウェルビーイングを想定し、そのウェルビーイングを複数の「わたし」がつくりあうのである。つまり、「わたしたち」のウェルビーイングとは「競争」するものではなく、「共創」するものなのだ。もちろん、「わたし」を失わせ「わたしたち」に重きをおくべき、と主張しているわけではない。「わたし」のウェルビーイングを追い求めつつ、「わたしたち」のウェルビーイングを共につくりあう、重層的な認識によってウェルビーイングを捉えていく必要があるということである。

では、どうやって「わたしたち」のウェルビーイングをつくりあうことができるのだろうか？

そのためには、何よりも他者との関係性を捉え直す必要があるだろう。現代社会では、社会の分断化が叫ばれ、異なる他者を退ける言説が衆目を集めやすい。だからこそ、蔓延する個々人を切り離す思考をうまくほどいていかなければならない。わかりあえなさのヴェールに包まれた他者同士が、根源的な関係性を築き上げ、共に生きていくための思想(Philosophy)、実践(Practice)、技術(Technology)が求められている。他者を遠くから観察し尽くせるとは考えずに、他者との関係の中に入り込み、ときに自己の一部として他者を認識しつつ、異なる存在へと自己が変容することを受け容れる。本書では、そのようなプロセスを実現するための方法論として、身体に働きかけるテクノロジーや、共感・共創を促進するワークショップに着目した。

人間は、これまで、記号化を通して他者やその集合としての社会を客観的に把握し操作する術を洗練させてきた。それはある程度の成功を収めてきたが、ウェルビーイングといった複雑で個人差の大きい対象を扱うのは得意ではない。記号化による客観操作はひとつの認識論に過ぎず、それがすべての対象に適用可能かは疑問である。たとえば、私たちの身体や意識下の情動や行動は、言葉によって支配し尽くすことはできない。それは他者に対しても同様であろう。であるからこそ、記号として「わからない」と思考停止に陥るのではなく、身体的想像力に訴えかける技術や方法論によって感じあい、「わたしたち」のウェルビーイングの共創を促していく必要があるだろう。本書をそのための思想・実践・技術の参考として活用いただけたら幸いである。

本書は主に5つのコンテンツからなる。冒頭のイントロダクションは、ウェルビーイングに関する導入である。何より各個人が自身のウェルビーイングについて深く知ることが導入としてはふさわしいだろう。前述のように、ウェルビーイングはコンパスであり、自身の向かう方向を示してくれる。とはいっても、そちらへどうやって進むのか、自分はどんな進み方が好きなのか、歩くのが好きなのか走りたいのか、それとも電車に乗りたいのかは、自分で理解しておく必要がある。自身のウェルビーイングを、

「I」「WE・SOCIETY」「UNIVERSE」というカテゴリから輪郭をもって捉えてみよう。普段、健康診断によって自身の身体の状態を把握したり、好きな食べ物や嫌いな食べ物を自覚して食事を楽しむように、自身の心の特性を理解してウェルビーイングに取り組む必要があるのである。

Part 1は、「ウェルビーイングとは何か?」を論じた概説である。これまでのウェルビーイング研究に基づいた「わたし」のウェルビーイングとともに、本書の特徴である「わたしたち」に関するトピックもとりあげている。また、「コミュニティと公共」というより広い視点からのウェルビーイングについても論じ、現代社会の一部となっている「インターネット」とウェルビーイングとの関係、その可能性についても述べる。

Part 2は、「〇〇とウェルビーイング」と題し、ウェルビーイングと関連する分野の専門家の方々の実践的な論考を掲載している。テーマは、「情報技術」「つながり」「社会制度」「日本」と多岐に及ぶ。情報技術は現代社会に欠かせないものであるし、つながりはまさに「わたしたち」という考え方をどう捉えるのかの核心である。社会制度は「わたしたち」と社会に関する規範を論じる。日本というテーマをとりあげたのは、「わたしたち」という考え方が日本や東アジアの集産主義的な考え方に基づいており、その背景をより深く知るためである。読者各位の興味に従って個別に読んでいただくこともできるが、それらに通底する考え方を見出すことも本書の愉しみ方と言えるかもしれない。

Part 3は、安藤英由樹、坂倉杏介、ドミニク・チェン、渡邊淳司の4名を中心とするウェルビーイングに関する研究プロジェクト「日本的Wellbeingを促進する情報技術のためのガイドラインの策定と普及」（科学技術振興機構社会技術研究開発センター（JST／RISTEX）「人と情報のエコシステム」研究領域）で制作したパンフレット「ウェルビーイングな暮らしのためのワークショップ」をもとにしている。本ワークショップは、ウェルビーイングに基づきながら新しい暮らし方やサービスを考えるために、チームビルディングや信頼関係づくりから始まり、サービス・製品開発のための新しいアイデア出しまで、地域のリビングラボや企業のサービス開発の場で行われてきたものである。実際に、本書に沿ってワークショップを実施いただけたらと思う。巻末には、同4名がウェルビーイングに関する研究を通して感じた率直な言葉が座談会のかたちで掲載されている。

遠くない将来、ウェルビーイングに配慮するのがあたりまえになる社会が到来するはずだ。本書がそのような社会で、誰もがいきいきと生き働くために役立つことができたら、それは望外の喜びである。

２０２０年２月

監修・編著者　渡邊淳司／ドミニク・チェン

目次

Part 2 Wellbeing in Practice

ウェルビーイングに向けたさまざまな実践 90

Part 3 Wellbeing Workshop

Discussion

本書Part 3で紹介するワークショップ用のシートは、以下のURLよりダウンロードできます。
http://wellbeing-technology.jp/

Introduction

「わたしのウェルビーイング」
から始めよう

朝起きてから、夜寝るまで。
毎日の生活のなかで、あなたはいつ自分が
「よい状態(ウェルビーイング)」であると
感じますか?
どんなにささいなことでもいいので、
一日のなかで「よい状態」と感じるときを、
3つ挙げてみてください。

【Wellbeing】 /wèlbíːɪŋ/

〈名詞〉
「Well＝よい」と「Being＝状態、あり方」が組み合わせれた言葉で、心身ともに満たされた状態であることを指す。

Q.

あなたはどんなときに
ウェルビーイングを感じますか?

A.

わたしは、

なときに

ウェルビーイングであると感じます。

Report

1300人の大学生が考えた「わたしのウェルビーイング」

国内の約1300人の大学生に、「あなたのウェルビーイングは何ですか？」と問いかけ、自分のウェルビーイングを決定する要因を3つ挙げてもらいました。集まった3900の回答を、「I（個人的なこと）／WE・SOCIETY（他人との関係性や社会的なこと）／UNIVERSE（超越的な世界との関わり）」という3つのカテゴリに分類。そのいずれがウェルビーイングにつながるか分析を行いました［グラフ1］。

全体の73％を占めたのは、「やりたいことができる」「おいしいものを食べる」「自分を好きでいられる」など「I」に属する要因。次に多かったのは、「家族や友人と過ごす」「人に認めてもらえる」など「WE・SOCIETY」に属するもので、24％にのぼりました。このカテゴリでは、他者との関わりを大切にすることを挙げる人がいる一方で、「他人と自分を比べない」「空気を読まない」など、他者と関わらないことを重視する人もいました。「UNIVERSE」に属する要因は約3％で、「自然との一体感を得る」など、大いなる存在を感じ、ネガティブな状態から解放されることに関する回答が多いのが特徴でした。

VOICES ウェルビーイングの心理的要因のカテゴリ

I

- 目標がある
- やりたいことができる
- 自分だからできると思う
- 自分を好きでいられる
- 好きな本を読む、音楽を聴く
- 読書やゲームに没頭する

etc...

WE・SOCIETY

- 感性を共有できる
- 人に認めてもらえる
- 頼れる友人がいる
- 他者と認め合える
- 家族を大切にする
- 他人と自分を比べない
- あえて空気を読まない
- 適度に一緒にいない

etc...

UNIVERSE

- 世界が平和であること
- 多様な価値観を受け入れる
- 社会に貢献する
- 世界の本質を追求する
- 美しい景色を見る
- 自然との一体感を得る
- アイドルやアーティストへの敬愛

etc...

ANALYSIS ウェルビーイングの心理的要因の分類

［グラフ1］

ウェルビーイング要因カテゴリの割合

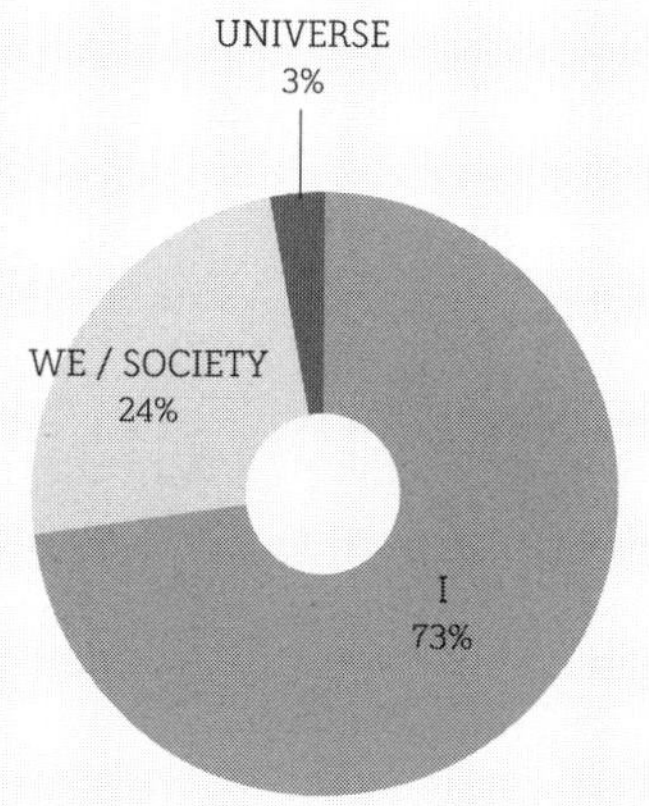

［グラフ2］

ウェルビーイング要因カテゴリの組み合わせの割合

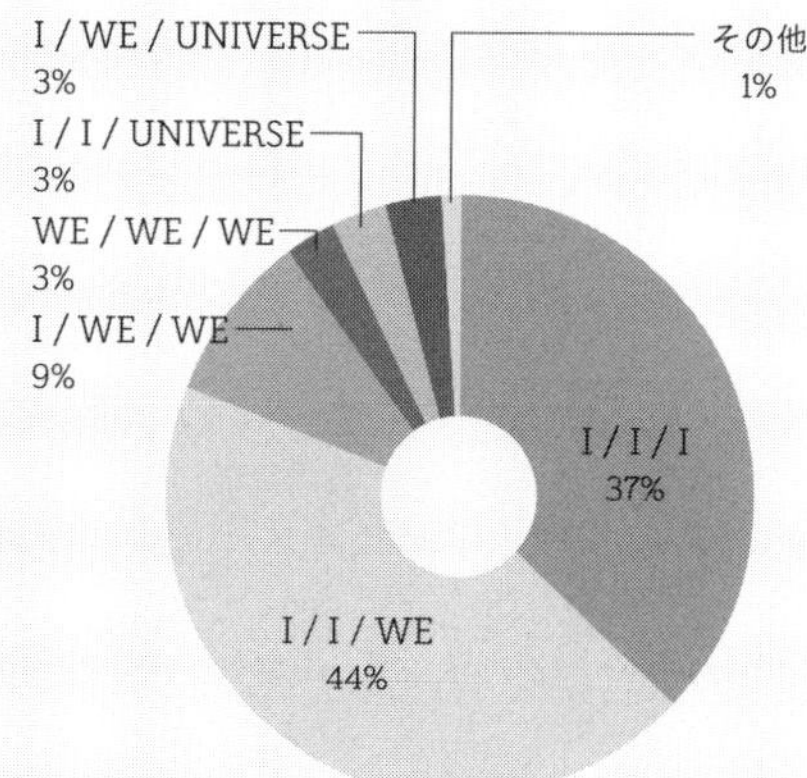

さらに、一人が挙げた3つの回答を、3つのカテゴリの組み合わせとして比較したグラフも作成しました［グラフ2］。すべて「I」の要因を挙げた人（I／I／I）は全体の37％、「I」の要因を2つと「WE・SOCIETY」の要因を1つ挙げた人（I／I／WE）はいちばん多く44％でした。全体の中で約6割の人は「WE・SOCIETY」の要因を1つ以上挙げていました。つまり、半数以上の大学生が、自分が「よい状態」であるためには、他人との関係性が大切になると考えていることがわかります。

あなたの結果は、どの組み合わせに当てはまるものだったでしょうか。もちろん、同じ人でも年代や役割によって異なる組み合わせになるでしょう。しかし、自分がどんなときにウェルビーイングを感じるのか、その要因を理解することは重要です。

また、回答終了後に得られた感想には、「自分のウェルビーイングについては、これまで考える機会がなく、深く考えるきっかけになった」という声が多くありました。ほかにも「周りの人と回答を見せ合ったとき、ウェルビーイングは人それぞれ違うという印象を受けた」など、自分と他人の違いに気付いたという感想も目立ちました。このように、ウェルビーイングを曖昧なまま考えるのではなく、その要因に分けることで、自分や家族、友人や同僚の「よい状態」をより具体的に捉えることができるようになります。

Article

「ウェルビーイング」を考えるために

「よい状態」に気がつく

私たちは、病気やケガなど自分がどれくらい悪い状態なのかについては気がつきやすいものです。しかし、逆に自分がどれほど「よい状態」であるのか、そのことについて考えることはあまりありません。近年、人間が「よい状態」であるということ、ウェルビーイング（Wellbeing）についての研究が進んでおり、世界中で注目されています。もちろん、どんな状態を「よい」と感じるかは人それぞれです。まずは、自分が何を大事だと感じているかを明らかにしてみることが大切です。お風呂に入って考えてみたり、瞑想をしてみたりしてもいいでしょう。

理屈で考えて、「これがよい状態だろう」と思えることでも、想像してみると、体が重くなったり、心臓がドキドキしたりと、身体が嫌がっているように感じる場合があります。何が大事なのか考えるときには、そういう身体の声に耳を傾けることも必要になります。職場や家庭のウェルビーイングも同じです。「これがよい組織」「よい家庭とは、こうである」と、よい状態が決まっているのではありません。そこに関わる人によっても、ウェルビーイングのかたちは大きく異なるでしょう。自分と他者を含めた一人ひとりがどういう状態をよいと感じるのかを知ることが、ウェルビーイングに近づく第一歩になります。

3つのウェルビーイングの領域

ウェルビーイングは、大きく分けると次の3つの側面があります。まず「医学的ウェルビーイング」。心身の機能が不全でないかを問うもので、医学の領域といえるでしょう。これは、私たちが普段受ける健康診断やメンタルヘルスに関する質問紙などで測定可能です。次に、「快楽主義的ウェルビーイング」。現在の気分のよしあしや快・不快など、一時的、かつ主観的な感情に関する領域です。表情であったり、心拍やホルモンなど生体反応の指標で計測することができます。最後は「持続的ウェルビーイング」です。心身の潜在能力を発揮し、周囲との関係のなかで意義を感じている「いきいきとした状態」を指すものです。英語では「フローリシング(flourishing)＝開花」という言葉でも表現されます。これまでは、ウェルビーイングというと医学的もしくは快楽主義的なものが対象でしたが、近年はウェルビーイングを持続的かつ包括的に捉えようとする考えが主流となっています。

また、哲学者もウェルビーイングに関して言及しています。アリストテレスは「善」を有用さ／一時的な快楽／幸福（エウダイモニア）の3種に分類し、最高の善が幸福であるとしました。一時的な快楽だけではウェルビーイングを実現できず、理性によって人間の潜在能力を開花させることで実現できるとするこの考え方は、持続的ウェルビーイングの原点となっています。

もちろん心理学者も様々なウェルビーイングを提唱してきました。幸福度について研究するエド・ディーナーは、まず主観的なウェルビーイングの尺度を開発し、さまざまな要因と合わせて測ることで、性格や社会環境との関係が調べられると考えました。その尺度は、人生満足度／ポジティブ感情／ネガティブ感情がないことの三要素で構成されていました。幸福や創造性の研究の第一人者であるミハイ・チクセントミハイは、何かしているときに熱中するあまり忘我の感覚となる状態を「フロー」と名付けました。活動に本質的な価値があること、能力に対して適切な水準であることなどの条件が揃うことで生じるその体験がウェルビーイングの向上につながると考えました。また、ポジティブ心理学に大きな貢献をしたマーティン・セリグマンは、ウェルビーイングはポジティブ感情（Positive emotions）だけでなく、没頭する体験（Engagement）／良好な人間関係（Relationships）／人生の意味や意義を感じること(Meaning)／達成感をもつこと(Achievement)の5つが、主な要因であるとする「PERMA理論」を提唱しました。

このように、多様な要因がウェルビーイングには関連していますが、これらの要因について考えるときに手がかりとなるのが、そのカテゴリ分けです。個人に関する「I」、他者や社会との関わりの「WE・

SOCIETY」、それらを超越した「UNIVERSE」の3つに大別されるものです。たとえば、「自分で決めて行動できていると感じられる状態（自律性）」のように個人的なもの「I」から、「思いやりや感謝、組織や社会などで良好な人間関係が築けているか」など、他者や社会との関わりのなかで感じるもの「WE・SOCIETY」。さらには、「世界平和」などの特定の関係性を超えた全体的視野で見たときの世界との関わり「UNIVERSE」です。

テクノロジーと「幸せ」を結びつける

そしていま、私たちのウェルビーイングを考えるうえで避けては通れないのが、テクノロジーです。いまや日常生活において、いつでもどこでもインターネットにアクセスし、メッセージのやり取りをするようになりました。また、人工知能（AI）やバーチャルリアリティ（VR）など、近年のテクノロジーの進化は目を見張るものがあります。

しかし、このようなテクノロジーはわたしたちの暮らしを便利にした一方で、利用者の心的状態へ負の影響をもたらす事実も指摘されています。現代社会のテクノロジーは、私たちのウェルビーイングに役立つものとなっているのでしょうか？　情報端末の普及により、昼夜問わず仕事に追われる人も少なくありません。また、スマホの着信や通知に一日中注意を払い続けることは、心身を弛緩させて休ませることを妨げます。さらには、ソーシャルゲームへの依存による過度な課金、プライベートなコミュニケーショングループにおけるいじめといった、社会的な問題も発生しています。こういった状況を考えると、テクノロジーは必ずしも人を幸せにしているとは言い切れないでしょう。

インペリアルカレッジ・ロンドンのラファエル・カルヴォ教授とUXデザイナーのドリアン・ピーターズ氏は、心理的ウェルビーイングと人間の潜在力を高めるテクノロジーを「ポジティブ・コンピューティング（Positive Computing）」と名付けました。カルヴォ氏は著書『Positive Computing』（邦訳『ウェルビーイングの設計論』）の中で、「コンピュータが誕生した当初は生産性と効率性がひたすら追い求められたが、そのような価値観は徐々に過去のものとなりつつある」と看破しています。そして、「わたしたちは新たな時代へ突入しようとしており、テクノロジーが個人のウェルビーイングと共に、社会全体の利益にも貢献することが重要だ」と述べ、これからのテクノロジーのあり方に言及しています。生産性や効率性のためだけでなく、個人や社会の問題にも資するテクノロジーを探っていく必要があるのではないか、というわけです。

情報通信技術がここまで生活に浸透したいま、テクノロジーからウェルビーイングを設計する指針が求められています。すでに一部の企業は、自社のサービスやプロダクトを通じて、単なる便利さを提供するのではなく、「豊かな世界」を実現するために動き出しています。スマートフォンやVR、AIといったテクノロジーのポテンシャルを活用して、私たちの暮らす世界にウェルビーイングを実装する試みが始まりつつあるのです。

Part 1

渡邊淳司
ドミニク・チェン
安藤英由樹
坂倉杏介
村田藍子

What is Wellbeing?

ウェルビーイングとは何か？

ウェルビーイングとは、どのようなものなのであろうか？　それを捉える視点や環境によっても異なるのであろうか？　本パートでは、ウェルビーイングを「わたし」「わたしたち」「コミュニティと公共」「インターネット」という4つの視点から読み解いていく。「わたし」の節では、これまでのウェルビーイング研究に基づいたウェルビーイングの特徴について概説する。「わたしたち」では、本書で特徴的なトピックをとりあげている。「コミュニティと公共」では、社会の中でどのようにウェルビーイングを捉え、つくりあうことができるのか論じる。「インターネット」では、現代社会の一部となっている情報通信技術とウェルビーイングの関係、その「わたしたち」という概念への適用可能性について述べる。

1.0

Overview

ウェルビーイングの見取り図

情報通信技術の革新は、あなたを幸せにしてくれただろうか。

パーソナルコンピュータの発明やインターネットの登場、スマートフォンのような情報通信デバイスの普及、さまざまなテクノロジーのおかげで、私たちはいろいろなことができるようになった。とりわけ2000年代以降はiPhoneをはじめとするスマートフォンや、Wi-Fi、4Gのような高速通信環境の普及によって、私たちはいつでもどこでもインターネットに接続し、他人と繋がることができるようになっている。そのおかげで遠く離れたところにいる人とすぐにコミュニケーションがとれるし、もちろん仕事をすることだってできる。この世界に張り巡らされたネットワークは、あらゆる情報のシェアを可能にし、それによって私たちの知的活動の可能性は広がり、効率も向上した。情報通信技術のおかげで、私たちの生活は豊かになっているのかもしれない。

しかし、それは本当に「幸せ」をもたらしているといえるのだろうか？　たとえば、あなたが肌身離さず持ち歩いているスマートフォンは、常時メッセージや通知を受信することを可能にしたが、その状態は外の世界に注意を払い続けなければいけないことを意味している。他人といつでも連絡が取れる安心感を得ると同時に、私たちの心身は常に緊張し、リラックスすることが困難になっているのだ。加えてSNSや検索エンジンのアルゴリズムは「最適化」の名のもとに偏った情報でユーザーを包み込み、「フィルターバブル」と呼ばれる分断の状況を生んだ。ソーシャルゲームへの依存に伴う過度な課金や、チャットツールなど閉じたコミュニティで発生するいじめ、SNS上での誹謗中傷など、インターネットの発展に伴って生まれた問題はもはや社会全体に大きな影響を及ぼしつつある。

もしかしたら、私たちは情報通信技術によって「幸せ」から遠ざけられているのだろうか？

「人間を幸せにする」ために

こうした問題は、情報通信技術を開発するうえで根源的な目標であった「人間を幸せにする」ことがきちんと意識されないまま設計が進んでしまったことから生まれたものだといえる。そもそも人間にとって「幸せとは何か」がきちんと検討されてこなかったからこそ、本来人々を幸せにするはずの技術が人々を抑圧してしまっているのだ。

近年、これらの背景から、「ウェルビーイング（Wellbeing）」という人間の心の豊かさに関する概念が注目されている。たとえば２０１５年に国連で採択された「ＳＤＧｓ：２０３０年までの持続可能な開発目標」においてウェルビーイングは重要な達成目標のひとつとして挙げられている。日本においても、２０２０年に内閣府「ムーンショット型研究開発制度」が発表した２０５０年までに達成すべき６つの目標において、それらの研究開発は人々のウェルビーイングに向けたものであると明言されている。また、『ＴＩＭＥ』や『ＷＩＲＥＤ』などさまざまなメディアでもウェルビーイングやマインドフルネスがとりあげられる機会は増えており、この概念は一般にも広く浸透しつつあるといえるだろう。とりわけ情報技術の領域においては近年ウェルビーイングの研究が盛んになりつつあり、ヒューマン・コンピュータ・インタラクション（ＨＣＩ）や人工知能（ＡＩ）分野のカンファレンスではウェルビーイングに関するセッションが開かれることも増えてきた。日本の学術機関においてもウェルビーイングの名を冠した研究機関が開設されたり、ウェルビーイングと情報技術に関する研究プロジェクトも増えている。遡れば、１９９０年代から始まった、主張し過ぎない穏やかな情報提示を推奨する「Calm Technology」[*1]や、ユーザーの感情を計測し働きかけるための「Affective Computing」[*2]のような研究分野とも接続しながら、現在、情報技術と人間の心的な側面の関係性に対する関心は非常に高まっている。

　企業活動においても、さまざまな分野のＣＥＯもウェルビーイングという言葉を口にすることが多くなった。現代社会において、すべての問題を効率性や経済性のみによって解決することは困難である。それに代わる、もしくはそれ以外の価値基準としてウェルビーイングという視点がとりあげられている。現在のところ、ウェルビーイングは付加的な概念のひとつに過ぎないかもしれないが、環境問題がそうであったように、遠くない将来、人間のウェルビーイングに配慮しない企業や自治体など考えられないという社会が到来するかもしれない。そのときに、「効率性」や「経済性」とは異なる価値基準にそれぞれの企業が取り組み、企業活動を通して社内外で共有されることは、社会的な存在としての企業の価値を向上させるものになるであろう。

福祉分野においても、ウェルビーイングは議論の対象となることが多い。近年の福祉理念は、社会的弱者を救うという福祉（ウェルフェア Welfare）から、自律的な活動や自己実現をとおしての福祉（ウェルビーイング Wellbeing）へ変化しているといわれている。社会から見たときに、福祉の対象を保護や救済の対象と考えるのではなく、一人の人間としてその充足や自律性を積極的に尊重しようという考えに変わってきたということである。これは、ウェルフェアの視点からつくられたプログラムでは、対象それぞれが持つ固有の状況に対応できないということや、むしろ対象を能動的な主体として捉え、個々のウェルビーイングを起点にすることでより豊かな福祉が実現できるのではないかという考えによる。もちろん、個人のウェルビーイングだけを考えていては、その社会は成り立たず、ケアを必要とする人とケアをする人を社会全体でどのように包摂していくべきか、福祉におけるウェルビーイングの議論は、超高齢化社会を迎える日本においては大きな課題である。

＊1　Wiser, M., & Brown, J.S. (1995). Designing Calm Technology. Xerox PARC.

＊2　Picard, R. (1998). Affective Computing. The MIT Press.

医学的／快楽的／持続的ウェルビーイング

しかし、ひとくちにウェルビーイングといっても、その意味が見えづらいのもたしかだ。直訳すると「心身がよい状態」を指すこの言葉は、しばしば「医学的ウェルビーイング」、「快楽的ウェルビーイング」、「持続的ウェルビーイング」という3つの定義で使われている。

ひとつめの「医学的ウェルビーイング」とは、心身の機能が不全でないか、病気でないかを問うものである。これは健康診断やメンタルヘルスに関する診断を通じて測定可能である。ふたつめの「快楽的ウェルビーイング」とは、その瞬間の気分の良し悪しや快／不快といった主観的感情に関するものである。最後の「持続的ウェルビーイング」は、人間が心身の潜在能力を発揮し、意義を感じ、周囲の人との関係のなかでいきいきと活動している状態を指す包括的な定義である。

これら3つのウェルビーイングは、必ずしもすべてが同時に満たされるわけではない。たとえば課題に取り組んでいるときの一時的な苦しさは快楽的ウェルビーイングを阻害するが、その課題を乗り越えることで達成感や有能感を得られるならば持続的ウェルビーイングを充足するものだといえる。従来は身心の健康状態で判断できる医学的ウェルビーイングや、心拍やホルモン量など生体反応の指標によって計測できる快楽的ウェルビーイングが研究の対象とされてきたが、2000年代に入りその状況は大きく変わった。特に「持続的ウェルビーイング」を対象に、主観指標や行動指標も含め、包括的・持続的に捉えようとする取り組みが加速し、「Positive Computing」[*3]をはじめとする「持続的ウェルビーイング」を情報技術によって促進するための方法論が研究され始めている（以降本書では、ウェルビーイングと記す場合には「持続的ウェルビーイング」を指すこととする）。

「日本的」なウェルビーイングに向けて

このように、ウェルビーイングの研究は近年急速に進んできているが、一方でこれまでの研究の多くはもっぱら「個人主義的（Individualistic）」な視点に基づいて進められてきたことに注意せねばなるまい。欧米では主潮となるこの視点は、確立された個人のウェルビーイングを満たすことで社会への貢献を目指すものであるが、それだけでなく、集団のゴールや人間同士の関係性、プロセスのなかで価値をつくりあうという考えに基づく「集産主義的（Collectivistic）」な視点を無視してはいけないだろう。人間関係や場のなかでの役割によって生まれる物語性、身振りや手振りや触れ合いといった身体性が人間の行動原理に強い影響を与える日本や東アジアにおいては、とりわけ集産主義的なアプローチがウェルビーイングを考えるうえで重要となってくるはずだ。

個人の身体と心を対象とした欧米型の「わたし」のウェルビーイングからこぼれ落ちてしまった、身体的な共感プロセスや共創的な場における「わたしたち」のウェルビーイングの観点を、日本や東アジ

＊3 Calvo, R., & Peters, D. (2014). Positive Computing: Technology for Wellbeing and Human Potential. The MIT Press.（邦訳『ウェルビーイングの設計論』渡邊淳司、ドミニク・チェン 監訳、ＢＮＮ、２０１７年）

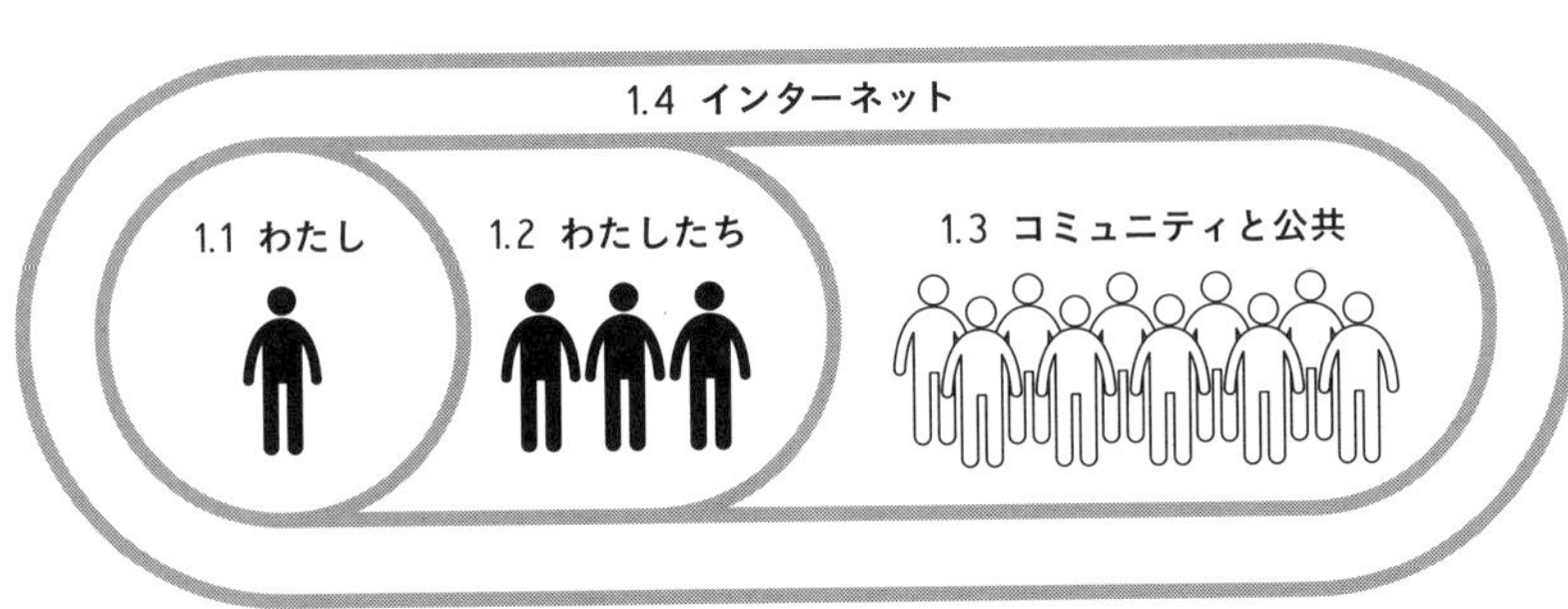

ウェルビーイングの見取り図

アのウェルビーイングに取り組むためには忘れてはならない。もちろん、個人主義的な視点と集産主義的な視点は対立するものではなく、一人の人間のなかに両面が存在し、ウェルビーイングの理解を補完しあうものである。以降、1・1節（P.34）では、ウェルビーイングの概念全体の基礎となる、「わたし」のウェルビーイングについてその心理的要因の分類や計測方法について概説し、介入における留意点について述べる。1・2節（P.50）では、「わたしたち」のウェルビーイングに関する話題をトピックとしてとりあげる。

また、人と人のあいだにウェルビーイングが生じると考える集産主義的な視点を広げると、それは「コミュニティと公共のウェルビーイング」へとつながる。特定の人とのつながりだけでなく、利害関係が入りくんだ不特定多数の人が集まるコミュニティや公共の場においてこそ、ウェルビーイングの観点が必要になるであろう。そして、不特定多数の人と人が交わる場は、インターネットの空間にも存在し、同様に「インターネットのウェルビーイング」も存在するはずである。

これらについては1・3節（P.60）と1・4節（P.76）でそれぞれとりあげる。

個人の心のなか、人と人のあいだ、コミュニティや社会、そしてネットのなか、とこれらの領域は独立しながらも影響しあっており、そのすべてを捉えなければウェルビーイングの総体を捉えることはできない。私たちがいま取り組むべきは、ウェルビーイングの「解像度」を上げることであり、ウェルビーイングとはいったい何なのかを整理しなおすことだろう。これらの領域にまたがったウェルビーイングを整理していくことでこそ、「わたし」や「わたしたち」にとってのウェルビーイングとは何なのか、どうやってウェルビーイングを実現していくのか、そこへの道のりが見えてくるはずだ。

1.1

「わたし」のウェルビーイング

Individual Wellbeing

「わたし」のウェルビーイングの議論に進む前に、そもそもウェルビーイングとは何なのか、もう少しだけ詳しく見てみよう。研究上さまざまな考え方があるが、代表的なものは、ウェルビーイングを「構成概念(Construct)」と捉えるものである。「構成概念」とは、状態やメカニズムを説明するために人為的に構成された概念であり、「天気」や「景気」も構成概念である。いったんその存在を仮定することで、新しいものの見方を提供したり、それをよくするようにさまざまな働きかけを行えるようになる。ただし、構成概念は直接見たり測定したりすることができないので、それに関連すると考えられる要因を計測することでその状態を把握する。たとえば景気という構成概念も、その存在を仮定し、さまざまな定量評価軸を設けることで、「好景気」「不景気」などその状態を評価し、それをよくしようと働きかけができるようになるのだ。これと同様に、「持続的ウェルビーイング」もその要因を具体的に把握する(もしくは定義する)ことで、それを向上させるための指針が明らかになってくるだろう。

持続的ウェルビーイングの構成要因

私たちの研究プロジェクトでは、「持続的ウェルビーイング」を「人間が心身の潜在能力を発揮し、意義を感じ、周囲の人との関係の中でいきいきと活動している状態」と説明している。自分自身のこと、自分と周囲との関係性、世界から見た自分の捉え方、これらの要因をバランスよく含むように表現したものである。

学術研究の分野では、「持続的ウェルビーイング」の要因について数多くの研究が行われているが、研究グループや理論によってその見解は多少異なる点を含む。たとえば、米国の心理学者エドワード・デシとリチャード・ライアンが提唱した「自己決定理論（Self-determination theory）」では、何かを自分の意志で行う「自律性（Autonomy）」、それを成し遂げる能力が自分にあると感じる「有能感（Competence）」、そしてそれが他者に受け入れられる「関係性（Relatedness）」の3つが重要だとされている。

ポジティブ心理学の普及に大きな役割を担ったマーティン・セリグマンは、「PERMA理論」を提唱した。これは、ポジティブ感情（Positive emotions）であること、何かに没頭（Engagement）していること、周囲と良い関係性（Relationships）をもつこと、意義（Meaning）を感じること、達成感（Achievement）をもつことの5つをバランスよく満たすことがウェルビーイングの実現に必要だとする理論だ。

また、フェリシア・ハパートとティモシー・ソーは、心の病と判定される症状と反対の状態を特定す

	個人-内	個人-間	超越的
要因	ポジティブ感情 (Positive emotion) ○**心的状態の継続** 活力(Vitality) 動機づけ(Motivation) 楽観性(Optimism) 情緒的安定 (Emotional stability) 心理的抵抗力・回復力 (Resilience) 没頭(Engagement) マインドフルネス (Mindfulness) フロー(Flow) ○**自己認知** 自己への気づき (Self-awareness) 自尊心(Self-esteem) 自己への思いやり (Self-compassion) 自律性(Autonomy) 達成(Achievement) 有能感(Competence)	関係性(Relatedness) 良好な人間関係 (Positive relationships) ○**相手 へ/から の心的表現** 感謝(Gratitude) ○**相手への心的作用(行動)** 共感(Empathy) 思いやり(Compassion) 利他行動(Altruism) ○**個人間の良い関係の認知** 高揚(Elevation)	意義(Meaning) 社会的責任 (Social responsibility) 精神性(Spirituality) 謙虚さ(Humility) 大局的視点 (Big picture view) 非永続性の理解 (Understanding of impermanence) 複雑性(Complexity) 相対主義(Relativism) 内省的弁証法的思考 (Reflective and dialectical thinking)

るという基準で10の状態をウェルビーイングの要因とした。ここで挙げられた「有能感」「情緒的安定」「没頭」「意義」「楽観性」「ポジティブ感情」「良好な人間関係」「心理的抵抗力・回復力」「自尊心」「活力」の10の要因は、前述の自己決定理論やPERMA理論とも重なる点が多く、ヨーロッパの多くの国でも調査に利用されている。

書籍『Positive Computing』(邦訳『ウェルビーイングの設計論』)では、ウェルビーイングの要因を自己へ向けた内省的な「個人内要因」、他者との関係である「個人間要因」、個人を超えた「超越的要因」の3つのカテゴリーに分類している。上の表は、自己決定理論、PERMA理論、ハパートとソーの10要因、『Positive

Computing』でとりあげられている主な要因を、3つのカテゴリーに分類したものである。

個人内要因

個人内要因で代表的なのは、目の前で起きた出来事や刺激に対して快を感じる「ポジティブ感情」だろう。バーバラ・フレデリクソンは、喜び(Joy)、愉快(Amusement)、鼓舞(Inspiration)、畏敬(Awe)、感謝(Gratitude)、安らぎ(Serenity)、興味(Interest)、希望(Hope)、誇り(Pride)、愛(Love)という10要素がウェルビーイングに関連するポジティブ感情だとした。こうしてみると、「喜び」や「愉快」といった瞬間的な感情もあれば、「愛」のように長い時間をかけて生じる感情もある。また、ポジティブ感情はウェルビーイングだけでなく、学習効果や創造性、問題解決能力、大局的な思考能力を高めることも知られている。

ポジティブ感情のほかに、個人内要因として挙げられるのが「心的活動の継続」と「自己認知」に関連する要因だ。前者にとって、活力といった目の前のことを進める心的なエネルギーは欠かせない。また、何らかの目標や報酬（外発的動機）、行為自体への興味（内発的動機）から生じる「動機づけ」、未来や目標に対するポジティブな期待から行動を引き出す「楽観性」も、心的活動に影響を与える要因だ。さらに、外部からの刺激に対する情動の安定性や調整に関する「情緒的安定」や、ネガティブな刺激や状況に対する耐性である「心理的抵抗力・回復力」、外部から乱されずにひとつのことに集中し続ける「没頭」、意識や注意をコントロールして心的揺らぎを安定させる「マインドフルネス」、没頭とマインドフルネスの要素を合わせてもつような「フロー」も、心的活動の継続と関連するだろう。

一方、自己認知の基本的な要因としては「自己への気づき」が挙げられる。ここでいう「気づき」とは、過去・現在・未来にわたって自分がどのような状態であるのかを認知することであり、身体の変化や情動への意識も含まれる。ほかにも、より一般的な自己への肯定的態度である「自尊心」や「自己への思いやり」は重要な要因だ。くよくよ悩まずに、自身に関する評価を受け入れ、肯定し、思いやることとは、自己認知のひとつのあり方である。また、何かに取り組む際に自分の意志に基づいて行ったという感覚である「自律性」、それを成し遂げたという感覚である「達成」、さらに自分がそれを遂行する能力を有しているという感覚である「有能感」といった要因も挙げられる。

個人間要因

ウェルビーイングは、他人からの評価や人間関係、つまり個人間要因の影響も大きく受ける。たとえば、ウェルビーイングが達成されていないことを示す指標のひとつに、米国国立精神保健研究所が考案した抑うつ傾向を測る尺度(CES-D)があるが、その項目内にも「他の人がよそよそしいと感じる」「みんなが私を嫌っていると感じる」といった他者が関わるものが20項目中4項目含まれている。欧米で作られた指標でも他者との関係性が重要視されているなか、日本のような集産主義的な価値観においてはその割合はもっと多くなるだろう。

個人間要因の中で最も基本的なものは、「関係性」や「良好な人間関係」だ。他者と一緒に何かをすることで関係性が育まれ、他者と円滑なコミュニケーションが維持できているときには、言語的な文脈の共有だけでなく、身振りや頷き、呼吸、言葉の抑揚など、身体的なやり取りでも同期現象や一定のパターンが生まれるといわれている。

また、「感謝」することは、感謝された人のウェルビーイングを向上させるだけでなく、感謝の手紙を書くなど他者に対して「感謝」を伝えた側のウェルビーイングも高めるという。感謝と同様に、「共感」を抱くこともウェルビーイングに影響する。共感には、相手の視点に立つことで相手の感情を理解する認知的な要素と、相手が感じている感情を自分も同じように感じるという情動的な要素がある。特に情動的な共感については、喜びや悲しみといった瞬間的な感情が人から人へと伝染することが知られており、情動伝染と呼ばれる。こうした伝染は長期的な幸福感でも生じることが明らかになっている。「友人が幸福かどうか」「幸福な人が近くに住んでいるか」といった社会的ネットワークの距離に応じて、その人の幸福感が変化し、ネットワーク上で近くにいる人が幸福であればその人も幸福である確率が高く、近くにいる人が不幸であればその人も不幸である確率が高くなるのだ。また、感情の伝染が起きるのは対面でのコミュニケーションだけではない。たとえば、Facebookを使った社会実験では、SNSを通じたやりとりでも感情が伝染することが示されている。ただし、感情の伝染はポジティブな感情を伝播させる反面、ネガティブな感情も伝播してしまうため、共感がウェルビーイングに与える影響は常によいものとは限らないことに注意したい。

では、ネガティブな感情の伝染にはどう対抗すればよいのだろうか？　そのカギは、「思いやり」を抱いたり、「利他行動」を行うことにあるだろう。思いやりは、他者の苦しみを目の当たりにした際に抱く「助けたい」という欲求であり、利他行動は、他者の状態が改善するよう行う行動である。思いやりを抱き、利他行動を行うときには、相手の苦しみそのものではなく、どうしたら相手がよりよい状態になるかということに注意が向くため、ネガティブな感情が伝染しにくくなる。また、誰かの思いやりある態度や行動、フェアな態度を目撃したり聞いたりすることで生じるポジティブな感情は「高揚」と呼ばれ、ウェルビーイングを向上させるひとつの要因である。

超越的要因

「超越的要因」は、そのすべてを科学的エビデンスによって語ることは難しいが、一方で直感的に理解できるものでもある。たとえば、自分の存在や行為をより大きな視点で捉え、その「意義」を理解することはウェルビーイングを向上させるだろう。それは、公共的なものに対する「社会的責任」や、自己を超えた世界を受け入れる「精神性」、さらには「謙虚さ」「大局的視点」「非永続性の理解」にもつながる。また、自分たちが生きている世界の「複雑性」や「相対主義」的であることを理解し、対立するAとBを超えたCという解を求める思考法である「内省的弁証法的思考」も超越的な視点であるといえよう。これら多くの要因を包括的に説明することは難しいが、ひとつ参照すべき科学的アプローチとして、「We-mode（我々モード）」と呼ばれる協働的な心の働きに関する研究分野がある。他者と力を合わせて行為を行う場合に、相手を含んだ全体的な視点から自身の行為を調整するような心の働きであり、この概念を拡張することは超越的要因を理解する手がかりになるかもしれない。

「わたし」のウェルビーイングとより大きな視点のウェルビーイング

ここまでの議論を踏まえて、個人のウェルビーイングと、それよりも大きな視点からのウェルビーイングを同時に満たす状況を考えてみたい。たとえば、組織全体のことを考えながら個人のウェルビーイングを考えなくてはいけないという状況に誰しも直面したことがあるだろう。一人ひとりの「持続的ウェルビーイング」は「その人が潜在能力を発揮し、意義を感じ、いきいきと活動している状態」であるとして、これを組織に置き換えて考えると、組織のウェルビーイングは「組織がそのリソースの潜在能力を発揮し、社会に対して意義を示し、いきいきと活動できている状態」となるだろう。ここで大事なのは、個人のウェルビーイングのあり方が必ずしも組織のウェルビーイングのあり方と同一の解をもつものではないことを理解する点だ。

個人が組織のウェルビーイングという視点を持つことで初めて、個人と組織、両方のウェルビーイングのバランスやその要因について考えられることになる。つまり組織の参加者が、各個人のウェルビーイングの最大化だけでなく組織のウェルビーイングも考えることで、その両方を考慮に入れた活動が可能になる。また、個人のウェルビーイングと組織のウェルビーイングを別ものと考えることにより、組織の参加者が自律性を失い組織の道具となってしまう状況を回避できる。このような考え方自体は新しいものではないが、個人のウェルビーイングと組織のウェルビーイングを意識的に分けることで、それそれにとって重要な要因が満たされるように合意形成、組織運営を行うことができるかもしれない。

測定可能なデータとは？

ここまでウェルビーイングの要因を挙げてきたが、ここからはウェルビーイングの測定方法について考えてみよう。医学的ウェルビーイングの実践においては、怪我や病気に対する検査や処置の手順は明確に決められている。また、メンタルヘルスに関しても、症状を特定するための質問、化学物質の処方といった方法・手順は厳格に規定されている。その一方で、持続的ウェルビーイングの計測は多次元的である。複数の定量／定性データを組み合わせたり、さまざまな時間範囲で計測できるため、計測に関して必ずしも統一的な方法論があるわけではない。そこで、ここでは計測対象を網羅的に挙げつつ、ウェルビーイングの構成要因との関係について考えていこう。

次ページの表にあるように、計測可能な対象は大きく3つに分けられる。

第一に、人間の身体特性や生体反応に関する情報だ。これらの情報は持続的ウェルビーイングを考えるベースとして、その人の心身がどのような属性を持っているか、どのような状態であるかを明らかにする。たとえば遺伝子は、その人にとって基本的に変わることのない心身の性質を明らかにする。また心拍や呼吸、体温、発汗などの生体反応は、心的な状態をよく反映することが知られている。

第二に、表情、声の抑揚、四肢の動きといった振る舞いだ。こうした挙動からは、その時の感情を読

身体特性・生体反応	振る舞い・行動	主観報告
遺伝子、心拍、呼吸、発汗、体温、筋電、脳波、血液、腸内細菌、ホルモン	表情、目の動き、声の抑揚、姿勢、四肢の動き、発言履歴、キータッチ履歴、ネット閲覧履歴、乗車履歴	言語報告、点数付け、インタビュー、第三者評価

み取ることができる。また、発言履歴やキータッチ履歴、検索履歴、乗車履歴といった行動履歴も、計測対象と考えることができるだろう。

第三に、主観報告である。これは、自分の状態を言葉で記述したり、要因ごとに点数付けをしたり、他の誰かに観察・評価してもらうことによって得られる情報だ。ただし、その人の主観報告が絶対的な正解というわけではなく、他のデータと結果が一致するとも限らない。たとえば、周りからはまったくウェルビーイングに見えなくても、本人はウェルビーイングだと報告することもあるだろう。それゆえ、生体反応との相関などと合わせて解釈することが重要になる。

このような個人のウェルビーイングに関連する生体反応、振る舞い、主観報告のログを情報機器によって計測することを「セルフトラッキング（Self-tracking）」と呼ぶ。セルフトラッキングは、メガネ型の眼球運動計測装置や、呼吸や心拍のウェアラブル計測デバイスの普及に伴い、近年より身近なものとなっている。こうして集められる自身のデータに加えて重要なのは、天気やニュースといった環境の情報だ。こうしたデータや情報を同時に集めることによって、自分がウェルビーイングを感じているとき、身体や環境はどんな状態なのか把握することができる。あるいは反対に、自分は何が原因で不調になる傾向が高いのかをエビデンスに基づいて知ることも可能だ。

ウェルビーイングの要因との関係

自分自身のことに関する個人内要因の計測方法は、主観報告がもっとも一般的であろう。それ以外にも、表情からポジティブ感情やネガティブ感情を読み取ったり、心拍変動から緊張具合を推定することができる。そのほか、マインドフルネスやフローに関しては、近年、僧侶やアスリートを対象に脳科学の分野で多くの研究がなされている。ウェルビーイングの低下に関しては、唾液中のコルチゾールやアミラーゼが代表的な生体反応の指標だ。これらの値はストレスを感じると上昇することが知られている。また、作業中の応答時間や作業の正確性、課題負荷評価のスコア等もストレスの指標になりうる。

個人間要因である対人関係については、自分と相手の間の心理的距離がどの程度近いかを主観的に評価するアンケートなどが測定方法として挙げられる。ただし、こうした指標は自分と他者との関係に対する主観的な印象を尋ねるものであるため、自他の間で対人関係の評価値にギャップが生じるケースがある。たとえば、上司は良好な人間関係だと思っていても部下はそう思っていないといった場合だ。また、共感や思いやりの傾向を計測するためのアンケートで使われる心理尺度も数多く存在するが、これらは、実際に苦しんでいる人や喜んでいる人を目の前にしたときに、どの程度情動的共感が生じるのか、思いやりを抱くのかを、直接的に計測できるものではない。

対人関係を主観以外で計測する方法としては、当事者間認識の不一致具合、つまりはそれぞれの自分や相手に対する主観評価がどの程度一致しているかや、周囲の第三者からの観察といった方法が考えられる。また、子育てに重要な内分泌ホルモンであるオキシトシンの値も、親子間に限らず他者との関係を知る客観的な指標のひとつとなることが知られている。

なお、共感と思いやりは、生体反応によって区別することが可能だ。たとえば、誰かに共感することで感じる苦痛は、心拍数や皮膚コンダクタンスの上昇などストレスに関連する反応を引き起こすのに対し、思いやりは相手をケアしたり他者志向的な注意を向けたりするため、心拍数の減少や皮膚コンダクタンスの低下を引き起こすことがわかっている。

ウェルビーイングを生み出すための「よい介入」とは？

ここまで、ウェルビーイングを構成する要因とその計測について述べてきた。では、どのように情報機器からユーザーに働きかけを行うべきだろうか。ウェルビーイング向上のために他者が介入する際、留意すべき点はなんだろうか。以下、６つの配慮という視点から検討してみたい。

個別性への配慮

まず何より意識すべきは、「私とあなたは違う」という「個別性への配慮」だ。たとえば、P.36の表で挙げたウェルビーイングの要因は多くの人にとって重要であることが実験によって示されているが、それを一般化しすぎてはいけない。各要因の重要度は、個人によってやその人のライフステージによっても変化するものだからだ。また、同じ要因であったとしても、人によってその文脈や物語は異なるであろう。この違いに留意すると、多人数が集まる場の意思決定においても、その場の全員が同じ価値観によって賛成する「同意」ではなく、各個人のウェルビーイングの違いを前提とした「合意」を目指すことが望まれる。合意と妥協の判断は難しいが、個人の違いを認めるとともに、個人を超えた視点からのコミュニケーションや組織のあり方を見出す対話が必要となるだろう。

自律性への配慮

次に「自律性への配慮」だ。ウェルビーイングは誰かに与えられるものではなく、自身で気づき、行動するものである。特に「持続的ウェルビーイング」は、自身をある一定の時間幅で観察し、自ら意識的に見出すものであって、外部から知らないうちに実現されるものではない。もし、その状態が知らずに実現されていたとすると、少なくともウェルビーイングの重要な要因である自律性が失われている。介入においては、「この点について考えなさい」という内省的フィードバックを与えることや、「ナッジ（Nudge）」と呼ばれる手法のように、いくつかの選択肢を用意し、選択者に一定の自律性を担保することが望まれる。ほかにも、日常生活の様々な要素をゲームのかたちにして、何らかの活動を促進する「ゲーミフィケーション（Gamification）」といった手法がある。ユーザー側がどこまで自律的に判断し、どこを委譲するのかということに意識的であるだけでなく、介入を行う側も選択肢やゲームを用意している時点でユーザーの自律性に介入しているということに自覚的であるべきである。

潜在性への配慮

三つ目は「潜在性への配慮」。私たちの思考や行動には、無自覚的に素早く処理を行うメカニズムと、時間をかけて熟慮して処理を行うメカニズムのふたつがある。これらは、無意識による制御と意識による制御、あるいは「ファストシステム（Fast system）」と「スローシステム（Slow System）」と呼ばれるものだ*4。意識的な認知や判断の過程はスローシステムに関するものである一方、私たちの思考や行動は必然的にファストシステムの影響を大きく受ける。そのため、ウェルビーイングに向けた介入においては「ふとした瞬間に感じる気持ち良さ」や「ちょっとした違和感」など、潜在的には存在していたが自覚されていなかったファストシステムからの情報をすくい上げることにも目を向けられるとよいだろう。

共同性への配慮

四つ目は「共同性への配慮」。人間は他者との関係性の中で生きていることをふまえると、組織だからこそ可能な介入方法もあるはずである。たとえば、周囲の人からの期待や圧力、自分ではなく誰かのために行動する、構成員間の関係性を変化させる第三者を導入するなどがその例だ。また、多くの人と一緒に同じものに取り組んだり、イベントに参加したり、非日常的体験を共有したりといったことは、

*4 Kahneman, D. (2011). Thinking fast and slow. Farrar Straus & Giroux.（邦訳『ファスト & スロー（上・下）あなたの意思はどのように決まるか？』村井章子 訳、ハヤカワ・ノンフィクション文庫、２０１４年）

当事者間に深い共感や価値観の共有をもたらす。このような共感の場では、介入を行う側と介入を行われる側、サービスを行う側と受ける側、生産者と消費者、という二項対立の関係で捉えるのではなく、その両者を含めたなかで、そこに関わる人すべてがウェルビーイングとなるよう調整された、ひとつのエコシステムを実現することが理想である。

親和性への配慮

五つ目は「親和性への配慮」。ポジティブ感情には、交感神経系と関連する興奮を伴うポジティブ感情と、副交感神経系と関連するリラックスしたポジティブ感情がある。音楽ライブや遊園地をはじめとする多くのエンターテインメントは、外から刺激を与えることで強い興奮を伴う衝動的な感情を作り出すものだ。ただし、こうした興奮によるポジティブ感情の追及には自制が必要であり、注意しないと快楽を追求し続け最終的には中毒となってしまう危険もある。一方、他者を気遣い、社会的な関係を育み、自分が生きる世界に意識を向けるような行動は、平穏や思いやり、愛といったリラックスした親和的な感情をもたらすものだ。こうしたリラックスしたポジティブ感情と、前述したような興奮を伴うポジティブ感情をバランスよく提示できる介入が求められるが、ここで困難なことは、現在の社会が興奮をもたらすエンターテインメントで溢れていることである。介入においては、外部からどんどん強い刺激を与えるのではなく、自身への気づきや環境との新しい関係性の発見など、親和的な感情を抱かせる仕組みを組み込むことが望まれる。

持続性への配慮

最後に「持続性への配慮」である。ウェルビーイングという目標を短期的に達成しようとすると、長期的には、逆にウェルビーイングでなくなることがある。たとえば未就学児を対象として行った研究では、本人が自主的に行った活動であるお絵かきに対して、表彰状など外的な報酬を与えた場合、内発的動機づけを失い、報酬を与えない場合よりもお絵かきをしなくなるという結果が出ている。お絵かきというプロセス自体がポジティブ感情のループを生んでいたにもかかわらず、そのループが報酬という目標を設定することによって断ち切られてしまったのだ。つまり、お絵かきという行為が、目標達成の「手段」となってしまったのである。

神学者のジェームズ・カースは著書『Finite and Infinite Games(有限ゲームと無限ゲーム)』の中で、世界を、勝つことが目的の有限ゲーム(徒競走や将棋)と、続けること自体が目的の無限ゲーム(生命活動や雑談)に分類し、「有限ゲームをする人は境界内でゲームを行い、無限ゲームをする人は境界とともにゲームをする」と述べた。つまり、徒競走のような有限ゲームではルールの中で相手よりも良い成績をおさめることが重要であるが、生命活動のような無限ゲームにおいては、常に境界(自身の属性や能力、他者との関係)を発見し、更新し続けることが重要だということである。ウェルビーイングの実現にとっても大事なことは、目標設定をすることだけでなく、その過程の充実によって持続性を作り出すことなのである。

1.2

「わたしたち」のウェルビーイング

Collective Wellbeing

ここまで、個人主義的(Individualistic)な視点に基づいたウェルビーイングについて述べてきたが、本書の読者のほとんどであろう日本をはじめとする東アジアの人々のウェルビーイングを考えるうえで忘れてはならないのは、身体的な共感のプロセスや共創的な場を重要視する集産主義的(Collectivistic)なアプローチである。つまり、「わたし」のウェルビーイングだけでなく、「わたしたち」のウェルビーイングについても知っておく必要があるだろう。ここでは特に、個人主義的なウェルビーイングと集産主義的なウェルビーイングの違いや、個としてのウェルビーイングの限界についての議論を、いくつかトピックとしてとりあげよう。

運勢型幸福感

世界中で世論調査を行うギャラップ社の顧問を務めながら、主観的なウェルビーイングの学術研究を進めてきた心理学者のエドワード・ディーナーが、共同研究者の大石繁宏氏とルイス・テイとともに2018年時点での研究領域全体の概要を示すレビュー論文を書いている*5。この論文の興味深い点は、過去40年ほどの間に行われてきた世界中の研究結果から、人々が主観的にウェルビーイングを享受したり、または損ねたりする要因を網羅的に挙げていることだ。天候から収入レベル、居住地域における宗教性の強弱の度合いや政治腐敗の有無まで、実に多種多様な条件を切り出して、人々のウェルビーイングとの相関が研究されている。

この論文の中で提示されているウェルビーイング研究のこれからの挑戦領域のひとつに、地域文化によって主観的ウェルビーイングの因子が異なるという事実のよりいっそうの探究が挙げられている。なかでも面白いのが、日本、韓国、中国、そしてロシアとノルウェーを含めた24カ国においては、幸福の概念が「運」と結びついているという指摘だ。アメリカ合衆国では、幸福とは個人が自らの能力を駆使することで獲得するもの、と考えられている。対して、日本や中国では、幸福な状態は自分の能力よりも、むしろ幸運によってもたらされると考えられている。そのため、よいことが起こった後には悪いことが起こるのではないかという不安が生じるという。「幸福」という言葉に「福」という漢字が入っていることも挙げて、このタイプの幸福は「運勢型幸福(Luck-based happiness)」と命名されている。

*5 Diener, E., Oishi, S., & Louis, T. (2018). Advances in subjective well-being research. Nature Human Behaviour, 2(4), 253-260.

他者と世界の連続性

獲得型と運勢型の幸福観の違いは、世界認識の方法の差異についてもさまざまな含意をもっている。最も重要な点は、個人が他者や世界と切り離されていると捉えるか、もしくは連続的につながっていると考えるかということだ。先の運勢型幸福観の説明で論文が引用されている文化心理学者の内田由紀子氏が関わってきた一連の研究では、この文化差が詳細に調べ上げられている。例えば、「感情は個人の中にあるのか、人と人の間にあるのか」と題された論文では、日米における感情の構造の違いを説明している*6。

次ページの図にある、米国型のモデルAでは、個人が家族や友人、同僚といった他者とは独立した存在として、ひとりで感情を経験する。対して日本型のモデルBでは、自己の境界が他者のそれとなかば融解しており、ある感情を他者とともに経験する様子が描かれている。内田らの研究結果は、厳密な科学調査から、文化の違いに応じて幸福ばかりか負の感情でも受容形態が異なることを明らかにしている。

先の幸福感の違いと照らし合わせて考えてみれば、この図中の「感情」という要素を「世界」と置き換えても意味が保たれるのではないだろうか。個が他者や環境と対峙する認識論（モデルA）では、確かに個の行動によってその状態の結果が左右されると考えるだろう。しかし、他者と共同で世界と向き合うとき（モデルB）、主体は自分自身では制御できない複雑さのネットワークに置かれることになる。

世界はそもそも個人が制御できないほど複雑であるという認識の成立には、おそらく仏教思想という

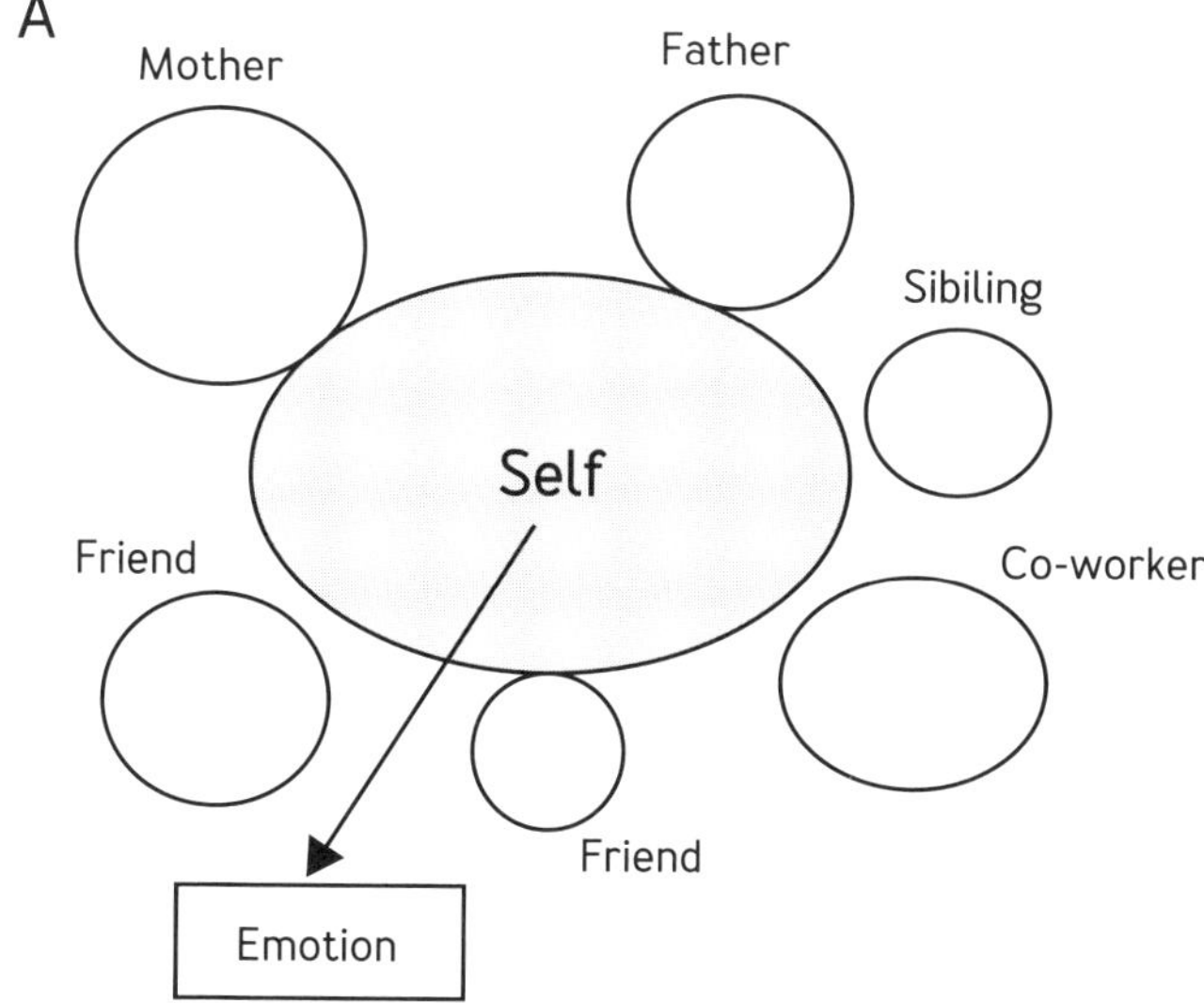

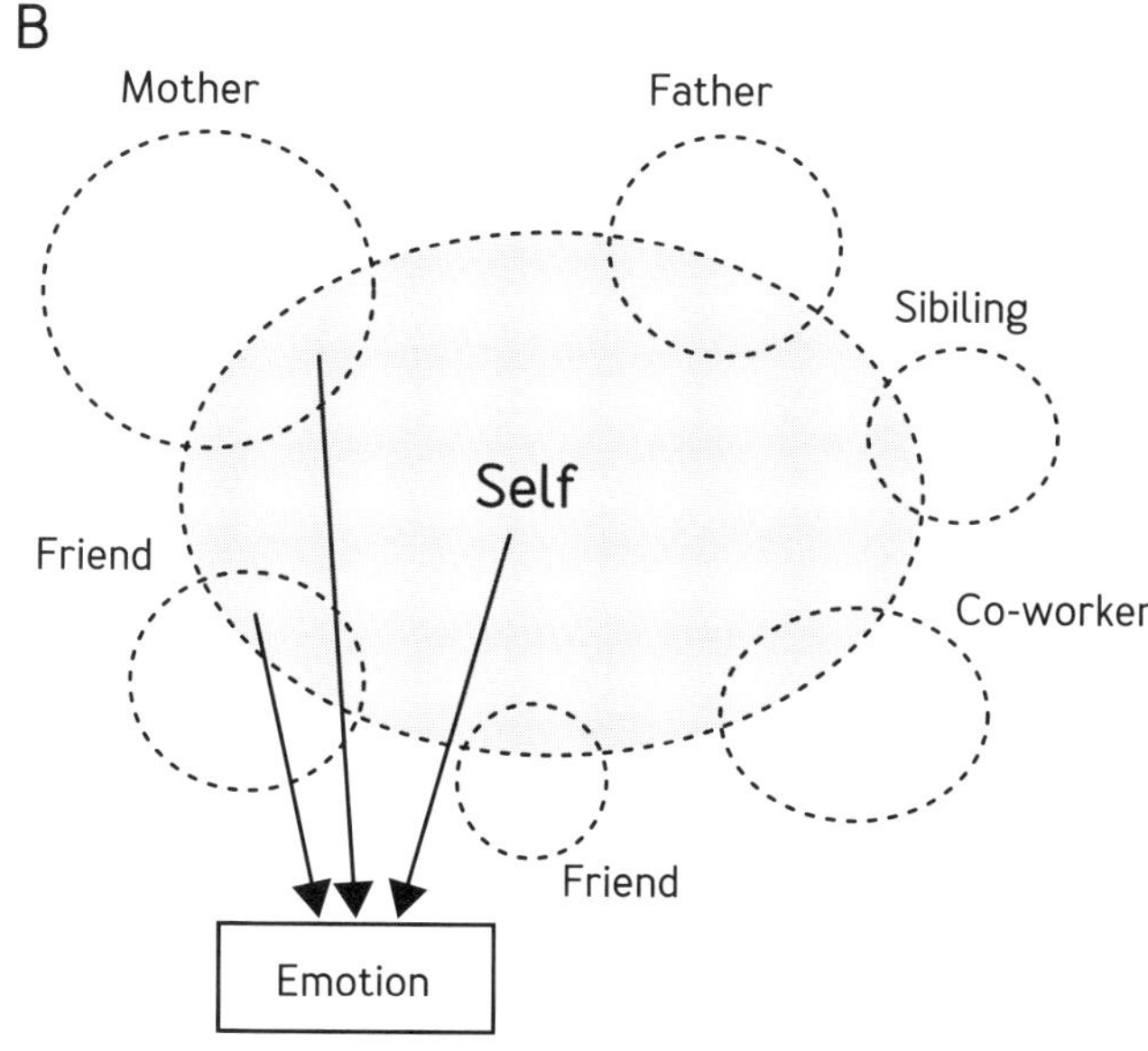

モデルAとモデルB（内田由紀子氏らの論文より）

＊6 Uchida, Y., Townsend, S.S.M., Markus, H.R., & Bergsieker, H.B. (2009). Emotions as within or between people? cultural variation in lay theories of emotion expression and inference. Personality and Social Psychology Bulletin, 35(11), 1427-1439.

アジアの広範な地域にまたがる文化土壌もひとつの要因と考えられるだろう。日本で発達した仏教のうち、特に密教において、縁起という概念のイメージはまさに複雑系ネットワークを彷彿とさせるものだ。それは「重々帝網（じゅうじゅうたいもう）」という、帝釈天の宮殿を構成する無数の珠玉が宇宙の全存在のアレゴリーとなっており、それぞれの玉はほかのすべての玉をその鏡面に映しているイメージである。つまり、この世界のなかで、互いに関係し合わずに孤立する存在はない、という意味をもつ。

生命システム論の世界でオートポイエーシス（自己創出）という概念を打ち立てたひとりである生理学者にして認知心理学者のフランシスコ・ヴァレラは、自身もチベット仏教徒であったこともあり、縁起という言葉をサンスクリット語から「co-dependent arising（共依存的な生起）」と英訳している（ここでいう共依存とは、心理学や精神分析における疾患とは関係がない）。図のモデルBにおいて、自己主体が他者と境界を共有しながら作動している様子は、まさに縁起的な状況だと呼べるだろう。

私たちの研究プロジェクトにも参加している能楽師の安田登氏は、「共話」という概念について述べている。能の作品のなかには、登場人物同士が主語を共有しながら、協働でせりふを回す部分がある。また、この共話という概念は、言語教育学や文化人類学のフィールドにおいても研究されている。日本語の日常会話においては相づちの量が英語と比較して2・6倍多いという研究結果もあるが、これは発話において互いの境界を積極的にぼかし、互いに介入を許し合う話法として捉えることができる。ここにも異なる個が緩やかに結合しながら生きるスキームが見て取れる。

死なないこと

当然ながら、この縁起的な世界認識は、ウェルビーイングの捉え方にも大きく影響するだろう。私たちの研究プロジェクトでは、これまでに心理学者、精神分析家、文化人類学者、美学者、メディア論者、教育学者、能楽師、僧侶といった多様な職種の人々を交えてディスカッションを重ねてきた。そのなかで、マインドフルネスとケアの研究をしている井上ウィマラ氏に最近ウェルビーイングだったことを尋ねたところ、自身の父を看取った経験だという答えを得た。理由は、故人が望むかたちで死を迎えることができ、また、周囲の家族も望むかたちで看取ることができたからだという。近親者の死を受け入れることがウェルビーイングの向上につながるというのは、個人主義的な価値観からは理解することが難しいかもしれない。日本における比較的身近なこうした事例は、親しい者の死という不可避の不幸を「個（わたし）」としてではなく「共（わたしたち）」として受け入れることで、持続的なウェルビーイングにつながる可能性を示している。

また、安田登氏は古事記のなかでは「死ぬ」という表現が見当たらないということを語った。古代日本においては、大和言葉としての「しぬ」は、「しわしわ」になることであり、それは生命活動が低下した状態を意味したという。そして、しわしわの状態に水をかければ、また「いきいき」となる。いつの時代であっても、親しい人間の生物学的な死は当然悲しみを伴うものであり、決して一様に論じることはできない。しかし、個人主義の認識では「死ぬのはいつでも他者」（マルセル・デュシャンの墓碑）

に過ぎないのに対して、縁起的な世界においては、他者の死は自分の一部が「しわしわ」になることであると同時に、他者の一部もまた、自分のなかで「いきいき」と生き続けることにほかならない。

個人主義への偏重から脱却する

今日、個人を分割不能(individual)な最小単位として捉える近代西洋の認識論は、他者や世界と縁起的な関係を結びながら生きるという思想とコンフリクトを起こしている。本書の監修者である渡邊淳司とドミニク・チェンは共同で、デジタルテクノロジーがその利用者のウェルビーイングに及ぼす正負の影響を論じた『ウェルビーイングの設計論』の監訳を務めたが、その際、西洋社会の価値観が中心に据えられたウェルビーイングの要因のなかに、個人のなかで完結するものが多過ぎるという感覚を抱き、話し合った。

そこで、私たちの研究プロジェクトでは、既存のウェルビーイング理論で定義された因子から始めるのではなく、実際に日本に住む現代人がどのように自らのウェルビーイングを考えたり、イメージしたりしているのかをボトムアップで調べることにした。多くの人にウェルビーイングを構成する3要素を挙げてもらうアンケートや、さまざまな分野の専門家にインタビューを行うなかで、日本社会におけるウェルビーイングにおいては特にいくつかの要因が重要だと考えるようになった。具体的には「自律性」「思いやり」「受け容れ」という3つの要因である。それぞれ、ユーザーが自分の周りの環境に対し主体能動性を感得できるかということを「自律性」、自己のウェルビーイングのみならず周りの他者のそれにも寄与できるかを「思いやり」、自律性と他者の存在が調和し現在のポジティブ・ネガティブの双方を含む状況を受け容れられるかということを「受け容れ」と定義した。欧米のウェルビーイング構成要因と比較すると自己の占める割合が低くなり、その分、他者や周囲の状況との連関が強いことが特徴だ。

認知的自律性のためのテクノロジー

２０１８年にはテクノロジーの利用度合いとウェルビーイングの相関を調査した研究が増加し、スマートフォンの浸透以降、過度な情報技術の使用が若年者のウェルビーイングを低下させているという調査結果が話題となった。アメリカのテック系ブロガーたちが集まるMediumでは、連日のようにGoogleやFacebook、Amazonのユーザー追跡技術を批判する記事が上がり、また、AndroidやｉＯＳでは過剰なスマホの利用をユーザー自身が制限できる機能が追加された。もちろん、こうした動きは対症療法に過ぎないので、より根源的なウェルビーイングの要因に基づいた機能設計が必要とされている。

現在のＳＮＳや各種サービス、広告設計から情報のフィルタリングなどの情報制御機能に到るまでが、個人主義のデータモデルに基づいている。こうした状況下に身を置き続けると、ユーザーは個人同士のつながりよりも、相手と自分の差異ばかりが強調され続け、縁起性に気づかなくなる。そうなると、利用者の認識はどんどん個人主義へと傾いていってしまう。誰かとの結びつきという意識が失われていくのだ。さらに、個人主義のデータモデルは人々の「自律性」も奪っていく。UX／UI設計で「frictionless」(摩擦のない)という形容詞をよく耳にするが、こういった設計では「初心者の人間」がターゲットユーザーに設計されている。メッセージを伝えるとき、あるいは情報へアクセスするときも、自律的な労力を要することなく実現することを理想としている。それにより作業が効率化されて自由な時間が増えるというメリットがありつつも、自律的な認知能力を発揮する機会を失っているともいえる。

自律的な「苦労」を取り戻すために

本研究プロジェクトのシンポジウムにも参加している美学者の伊藤亜紗氏は、彼女が参加した米国の学会で「義肢のような外装可能なテクノロジーが当事者の身体的なノウハウの蓄積をリセットしてしまうことがある」という議論があったことを教えてくれた。また、北海道浦河町に、さまざまな精神疾患を抱える人々が共同生活をしながら当事者研究を行う「べてるの家」という施設がある。「べてるの家」理事の向谷地生良氏は、その著作の中で「苦労を取り戻す」という表現を用いて、自らの課題に自律的に向き合うことの大事さを説いている。このようなことは、いわゆる健常者と呼ばれる人々とテクノロジーの関係にもいえるであろう。

ピエール・ルジャンドルやイヴァン・イリイチといった西洋の歴史家や哲学者が論じたように、「病気を治す」という思想は、問題を解決するためにシステムを制御するというテクノサイエンス主義と同根である。そこから、個々人の固有性を度外視した客観的な方法が適用される。精神医療においては、日本は世界で向精神薬を多く消費する国のひとつであるが、それでも疾患が治らない人も大勢いる。「べてるの家」から始まった当事者研究（当事者自身やその家族の生活経験の蓄積をもとに生まれる自助的活動）は、自分の病理を自ら相対化し、他者と共有することで、社会生活を営む力を取り戻す作用をもっている。私たちは当事者研究の事例を読み解くなかで、健常者といわれる人々もまた、自身のウェルビーイングの当事者研究を行えばいいのではないかと考えるようになったのだ。

本節冒頭で挙げたレビュー論文では、哲学と宗教が人々に「よい生とは何か」という教えを処方（prescribe）するのに対して、行動心理学者は人々が経験するポジティブ、ネガティブ両方の感情の要因を調査する、と説明されている。しかし、ウェルビーイングを巡るテクノロジーの設計においても、下手をすれば「こうすれば幸せになることが科学的に判明しています」という情報を鵜呑みにする人をいたずらに増やしてしまいかねない。そうではなくて、個々人が、その時々の他者や環境との関係性に応じて生成変化し続けるウェルビーイングを自律的に捉えるための哲学的方法こそが必要なのだ。

科学的研究は、普遍的な万能薬には決してならないが、確率論的な処方の可能性を教えてくれる。その共通言語を社会のなかで築きながら、個々の固有性には独自の「苦労」の時間が蓄積されることを認め合うことにこそ希望がある。その状況が到来して初めて、私たちは「永遠の若さ」や「永遠の生」といった「個としての強迫観念」から解き放たれる時を迎えるのだろう。

1.3

Social Wellbeing

コミュニティと公共のウェルビーイング

情報通信技術の発展が変えたのは、個人の環境や生活だけではない。人間が集まってかたちづくられる「コミュニティ」や「公共」のあり方も大きく変わった。だからこそ、個人のウェルビーイングが問い直されるならば、コミュニティと公共のウェルビーイングもまた問い直されなければならない。

コミュニティのあり方の変化

1990年代にインターネットが普及し、この30年で「コミュニティ」はどのように変わっていったのだろうか。インターネットがつくる未来への期待は、時間と空間を超えてさまざまな人と資源がつながりあう可能性に支えられていたが、いまやLINEやFacebookといったSNSは、家族や友人、恋人とのコミュニケーションに不可欠のツールと化している。かつては顔もわからない遠く離れた人たちとつながるためのものだったインターネットが、いまでは「すでに知っている人同士の関係性を良好に保つために不可欠なもの」へとシフトしているのだ。こうした変化は、私たちの人間関係が情報通信技術に大いに依存していることを浮き彫りにもしている。

とはいうものの、いまだに直接顔を合わせることにこそコミュニケーションの本質があり、SNSを介したやり取りは付加的なものなのだと考えている人は少なくないはずだ。インターネットは「ヴァーチャル（架空のもの）」であって「リアル」ではないというわけだ。しかし、いまやSNSはすでに「事実上のリアル（＝ヴァーチャル）」であることを超えて、リアルな人間関係の一部として日常に埋め込まれているのである。仕事のやり取りや友人関係を考えてみても、もはや直接顔を合わせたり電話で話したりする時間よりもインターネットを介してコミュニケーションをとる時間のほうが遥かに長くなっていることも多い。情報通信技術は単に新たなコミュニケーションのあり方を生み出しただけではなく、既存のコミュニティのあり方をも変えているのだ。

「コミュニティ」はどこにあるのか

このように、情報通信技術によって人と人のコミュニケーションは大きく変わり、それにともなってコミュニティも変わっている。こうした状況のなかでウェルビーイングを考えていくならば、まずはいま「コミュニティがどこにあるのか」を考えることから始めなければならない。ひとくちに「コミュニティ」といっても、この言葉が使われるシチュエーションは実に多様であり、人によって指しているものも異なっている可能性がある。私たちが「コミュニティ」について語るとき、そこではいったいどんなものが想定されているのだろうか。

コミュニティという言葉がどのようなかたちで参照されているのか考えるために、まずは２０１７年に刊行された『コミュニティ事典』を開いてみよう。すると全３８６項目のうち24項目が情報通信技術に関するものであることがわかる。そのうちの20項目は「グローバル化とネットコミュニティ」と題された章に含まれており、さらにそれらをいくつかのカテゴリーに分けることも可能だ。たとえば「バーチャル・コミュニティと電子民主主義」「インターネットと公共性」「2ちゃんねるとつながりの社会性」といった項目は、「ネット文化という視点から見たコミュニティ」に関するものだといえよう。同じように「地域コミュニティとソーシャルメディア」や「東日本大震災とネット上の連帯」は「インターネットと社会的連帯」、「ソーシャルメディアと口コミのコミュニティ」や「ソーシャルメディアと子ども・若者の人間関係」は「ソーシャルメディアと日常生活の関係」、「スマートコミュニティとまちづくり」や「地域ＳＮＳとまちづくり」は「まちづくり」の文脈にある。

こうした状況からわかるのは、まずはインターネットを介した新しいコミュニティの形成をコミュニティ論の射程に取り入れることから始まり、続いてまちづくりや災害ボランティアといった個別のコミュニティ状況においてソーシャルメディアがどのような影響を与えているかという方向に議論が広がっていることだ。そのなかには、「ソーシャルメディアと子ども・若者の人間関係」といったテーマのように、日常的なコミュニケーションの内側にSNSを位置づけるような論点はまだ多くなく、リアルなコミュニティを前提としたうえで、そこに「もうひとつの」ネットコミュニティを関連づけることが想定されているといえよう。コミュニティとメディア、コミュニティと情報通信技術の関係はまだ十分に論じられておらず、現在は非常に流動的なものとして捉えられているのだろう。現代のコミュニティは非常に不確かで定義しづらく、しかしそれゆえに、多様で豊かな可能性が留保されているといえるのかもしれない。

コミュニティと3つのウェルビーイング要因

コミュニティのあり方が揺れ動いていくならば、それにともなって「公共」も揺れ動いていく。だからコミュニティと公共のウェルビーイングを考えるうえでも、さまざまなウェルビーイングのあり方を考えなければいけないだろう。ここでは、個人のウェルビーイングでは議論されてこなかった「存在論的安心」「公共性」「社会創造ビジョン」という3つのウェルビーイングの要因について取り上げてみたい。これら3つのウェルビーイングの要因を考えることは、翻ってコミュニティの未来を考えることにもつながっていく。

まず最初に3つのウェルビーイング要因を概観しておく。「存在論的安心」とは、文字通り自身や自分をとりまく環境がたしかに「存在していること」から得られる安心によってウェルビーイングを生み出すものである。自分や身の回りの世界が存在していることなど当たり前のように思えるかもしれないが、接続過剰で人間が道具化・機械化してしまった現代社会においては必ずしも「当たり前」の感覚とはいえない。だからこそ、コミュニティのなかで自身の存在を確かめられることはウェルビーイングへとつながるのだ。続く「公共性」は、まさに公共のウェルビーイングそのものだといえるだろう。現代のコミュニティに即したかたちで多様な人々が共存できる公共の場をつくり出すこと、社会に生きる個人一人ひとりがその場でその人として生きていけるような公共空間をつくることは、そのままウェルビーイングの条件にもなるのだ。最後の「社会創造ビジョン」は、これまでに挙げた2つの要因を前提としながら生まれるものだ。存在論的安心を得ること、そして多様な人々がともに生きられる公共空間が存在することを前提に、そのなかで人々が自ら活動していくことで新たなイノベーションが生まれ、社会創造が実現する。社会創造の実現は、単に社会へ新たなサービスやプロダクトや空間をもたらすだけではない。社会のなかで創造的な活動に取り組むことそのものが、個々人にとってのウェルビーイングにもつながっていくのである。

以上のとおり、コミュニティと公共をめぐる3つのウェルビーイング要因はそれぞれ別個に成立しているものではなく、相互に絡みあっているものである。個々の要因がいったいどのような形であるのかについて、順を追って考えていこう。

存在論的安心——人間が存在していることを見つめなおす

まずは存在論的安心について考えてみよう。「存在論的安心」とは、イギリスの社会学者アンソニー・ギデンズの提唱した概念で、自己のアイデンティティと自分をとりまく社会的環境が安定して継続し、世界がいまここにたしかにあることに対する確信や信頼のことを指す。こうした基本的信頼が失われると、私たちは存在論的不安の状態に陥るのだとギデンズは述べる。たとえばネットストーカーのような現象は、存在論的安心が失われたことが引き金となっており、過剰に相手からの承認を求める行為として説明できる。近代以降の社会は、共同体的なつながりよりも機能的・経済的な価値を重視し、孤立と流動性が高まった「液状化」社会であり、そんな社会状況が存在論的な不安を引き起こしやすくなっているのだ。

近代化の過程で機能的・経済的な価値を重視していくことは、人間をいわばロボットのように計算可能なものへ変えていくことだったといえるかもしれない。事実、従来の共同体が解体され、近代的な都市や工場が生まれて労働が変わり生活が変わることは、人間にロボットのように生きることを求めるものでもあった。人間は「人材」として扱われ、効率よく生きることを求められ、失敗すれば交換可能な存在として社会や経済のシステムのなかに組み込まれてしまったのだ。こうした転換はたしかに近代化を促し経済成長をもたらしたかもしれないが、同時に自身が大きなシステムのなかの「歯車」であるかのような錯覚をもたらした。そのような環境において存在論的な不安が引き起こされるのは無理もないことだ。

そんな不安に対しては、道具的ではない価値を考えることが存在論的安心からのウェルビーイングにつながっていく。人間は人間として生きられるべきであり、人間は道具ではないという当たり前の事実を改めて認識しなければいけないのだ。そのうえで自分の存在している感覚を実感し、世界のなかに受け入れられていると感じられるならば、安定した充足感を得られる。それはウェルビーイングを取り戻すことでもある。

神山町の事例にみる

存在論的安心からのウェルビーイングを考えるうえで、近年数多くのＩＴ系企業がサテライトオフィスをつくっていることで知られる徳島県神山町の事例は示唆的である。徳島市内からバスで約1時間、のどかな自然に囲まれた場所にその町はある。人口約６０００人、高齢化率は46％と一見日本国内に増えている過疎地のように見えるが、ここに近年続々と大都市のＩＴ系企業がオフィスをつくっており、さらにはデザイナーや商店を開く人、起業する人など実に多様な人々がこの町に活動拠点を移しているのだという。果たして、いったい神山町の何がそんなにも人を惹きつけるのだろうか？

この町でソフトウェアエンジニアとして働くとある男性は、自然のなかでコミュニティの一員として働くことで得られるエンジニアとしてのウェルビーイングがあるのだと語る。大都市と比較すると神山町は日常的に自然と接する機会が多く、古民家での暮らしは気温や湿度の影響を受けやすいため日々普通に過ごしているだけでも四季の変化に気づきやすい。さらには、自然のなかでイノシシ狩りや石積みを体験することで、野菜や米をつくることの大変さを身近に感じ、都会では知ることのできなかった「肉を食べること」の本質的な意味が見えてくるのだという。都会に住み、職場と自宅の往復を繰り返しているばかりでは仕事も生活もルーティン化していくが、神山町の生活はそこにある種の「ノイズ」を加えることでルーティン化を阻止し、人々に身体性を取り戻させる。加えて、エンジニアとして仕事をするだけではなく、地域のコミュニティと関わることで得られるものもある。たとえば近隣のおじいちゃんにスマートフォンの操作を教えてあげることによって信頼されたり感謝されたりすることに対して、「人間の根底レベルで嬉しい」と感じるのだとその男性は語っている。男性の語る「人間の根底レベル」の嬉しさこそが、ゆるぎなく自分がここにいる存在論的な手応えへとつながっていくことはいうまでもないだろう。

ここで男性が語っている経験は必ずしも神山町でしか得られないものではない。むしろかつては日本中に存在論的安心をもたらしてくれるコミュニティがあったが、近代化によってこれらのコミュニティが解体されてしまったからこそ、都会との交点でもある神山町のもつ価値が再評価されているのかもしれない。存在論的安心としてのウェルビーイングを考えることとは、もう一度私たちの立脚点にある「人間が存在していること」そのものの価値について問い直していくことでもある。そして、自然やコミュニティのなかで生きることの本質的な意味を深く探求することから、テクノロジーを活かしたウェルビーイングへとつなげていく必要がある。

公共性——多様な人々が集まる場所を取り戻す

次に、公共性が生み出すウェルビーイングについて考えよう。そもそもウェルビーイングとは、欧米的な考え方に基づけば、個人のよりよい状態を目指す概念だった。しかし、個人がよい状態としてあるためには他者の存在が欠かせない。他者とともにある共在の感覚や、他者の心を感じる共感の感情が重要なのだ。一方で現代は、一人ひとりが「自分そのもの」であることの難しい社会であると同時に、他者とともにあることが非常に難しい社会でもある。都市部では「向こう三軒両隣」的な近隣関係は見かけなくなり、人混みで物理的に見知らぬ人と空間を共有していたとしても、それぞれがスマートフォンで遠くの知り合いとだけつながっているような光景が一般化している。情報通信技術は私たちがいつどこにいても瞬時につながることを可能にしたが、それは同時に、私たちをいつでもどこでもバラバラな状態へと追いやってしまったのである。近接する人々と親密な関係を築くにしては離れすぎていて、自分自身と向きあえるほどひとりになるにはつながりすぎている。私たちは、常に半端につながりあってしまっているのだ。

公共圏

こうした現代において、関係性のなかで実現されるウェルビーイングを考えることは、他者と共にどのようにあるかという公共性を考えることそのものである。ここでいう「公共性」とは、図書館や公民館のような公的機関が運営する公共施設や、街なかにつくられた公園のように誰でも出入りできるオープンスペースといった空間を指しているのではない。他者が多様な差異を前提に関わりあうことで生まれる「公共圏（Public sphere）」のことである。公共の場を生み出すのは、公共機関や制度ではなく、一人ひとりの市民が他者に対してどう関わるかという振る舞いや身振りである。さまざまな立場の者がおり、文化的差異を超えて多様な他者たちが関わりあう可能性に開かれた空間は、いまや珍しいものだ。一見見知らぬ人同士が関わりあえる場のように思えても、その実ゾーニングや規制によってつくられた、ある意味安心なゲーテッドコミュニティでしかないことも少なくない。とりわけ日本においては、もとより都市のなかに「広場」のような「集まる」ための空間が少なく、市民がお互いに関わりあう場所を自らの手でつくりづらかったことも原因のひとつといえるかもしれない。「公」と聞いて公共機関を想像する人がいるように、しばしば「公」は行政のような大きな存在が整備するものであると考えられがちだが、市民一人ひとりのボトムアップな動きによってつくられるものこそが公共圏なのだ。

だからこそ、近年は地域コミュニティにおける具体的な「場」の価値が見直されるようになってきている。コミュニティカフェや地域の居場所といった、小規模だが多様な人々が自由に出入りし、そこから新たなつながりや活動が生まれるような場が21世紀に入ってから非常に増えてきている。こうした場の本質は、単に情報やサービスを提供して地域活動を促進するような機能ではなく、そこに多様な他者が集える公共的な場が存在することによって生まれる社会的な創発である。公共性からのウェルビーイングは、社会的な創発へとつながっていくものなのだろう。

さまざまな関係性がＳＮＳを通じて可視化されるようになり、もはやここではないどこかの情報へ自由にアクセスできることは自明のものとなっているが、一方で移動の価値が失われているわけではない。かえって実際にその場を訪れることの価値が高まっているように、いつでもどこでもスマートフォンを通じてつながれる便利な社会になったことで、実際に顔を合わせて集える場の価値は高まっており、その価値が注目される機会も増えている。人々が集いお互いにつくりあう公共の場は、それ自体があらかじめ明確な目的や機能をもつわけではない。それゆえ効率性や経済性、機能を重視する社会からは失われてしまうものである。しかし、こうした時代だからこそ開かれた公共の場が必要なのだ。公共の場が失われてしまうことは、単に人々が集まれる場や出会える場が失われることを意味するのではなく、私たちにとって重要なウェルビーイングのひとつの可能性が潰えてしまうことを意味しているのである。

社会創造ビジョン——自律的につくることの重要性

ここまで、人間の基本的な存在の価値と公共性の概念がウェルビーイングにとっては不可欠であり、それらはウェルビーイングのみならず、私たちの社会にとっても重要な意味をもつことを示してきた。以上をふまえて最後に、社会創造ビジョンが持つウェルビーイングの可能性について考えたい。

ウェルビーイングを構成する重要な要因のひとつに「自律性」が挙げられる。誰かにやらされるのではなく、自らの意志に基づいて行動するということだ。「やらされる」ことは、容易に人間を「道具」

のような意識に貶める。道具化は人をその人自身であることから遠ざけてしまう。だからこそ、コミュニティのなかでテクノロジーを活かしていくためには、技術に「使われる」のではなく、技術を活用して「欲しい未来をつくる」感覚が重要だ。ＬＩＮＥやメッセンジャーの無自覚な受容は、ときに自律性を阻害し、それがストレスや失調につながる。私たちの多くはツールを自分で「使っている」と思っているが、それなしでは仕事や生活が成りたたないレベルまでツールと一体化していたとすれば、私たちは同時に「使われている」のだ。すでに問題なく機能しているサービスであっても、ウェルビーイングの実現のためにはいま一度自覚的に使いこなしていくことが必要となる。

先にあげた神山町の小学校では、３Ｄモデリングを職業とする移住者によって、３Ｄプリンタを使いフライングディスクをつくる授業が行われていた。この授業では、まず身体を使ってフリスビーのさまざまな遊びを実践する感覚を楽しみ、その後、それぞれがオリジナルのフリスビーをデザインし、３Ｄプリンタで制作していく。単に最新のテクノロジーを体験するのではなく、そこでは自ら制作にコミットしていくことが求められている。これは、「デジタルに遊ばれる」のではなく、デジタルを使って新しい遊び＝社会をつくっていけるという感覚を体験できる授業なのである。こうした取り組みにおいては、しばしばデジタルを体験することが「目的」となってしまうが、本来それはあくまでも「手段」であって、何を実現するかは一人ひとりが考えなければいけないということを、この取り組みは思い出させてくれる。

シビックテック

市民による自律的な活動の例としては、「シビックテック」という言葉もある。これは行政データの利活用、協調的消費、クラウドファンディング、ソーシャルネットワーキング、コミュニティの組織化を主な5領域としながら、市民自身が積極的に行政や地域の課題を解決しようとするムーブメントだ。この10年でシビックテックは非常に大きなムーブメントとなっており、日本においても数百名規模のカンファレンスが行われるなど、その動きは大きくなっている。また、エンジニアが市民の立場で技術を提供し、自らの手で社会に関わる動きとしては、〈Code for Japan〉が日本各地の団体の支援を行っている。また、北欧を中心に、具体的な生活の現場から新たな社会をつくりあげていく実験の場として、「リビングラボ」という拠点に対する期待も高まっている。それは多様なステークホルダーが集う参加型の場で、最先端の知見やノウハウ技術を参加者が導入し、オープンイノベーション、ソーシャルイノベーションを通して長期的な視点から地域経済・社会の活性化を推進し、社会問題の解決を志向していく仕組みだ。市民活動の中間支援という機能を超えて、多様な参加と資源をもちよることで、積極的に新たな価値を生み出すことが期待されているのである。

近年世界中で加速しているこれらの動きは、その取り組みだけを見ていると市民の自発的な活動がその規模を広げているだけに見えるかもしれない。もちろんこれらの取り組みがどれも社会にとって重要なことはたしかだが、これらはほかでもないウェルビーイングの問題でもある。自分たちが自律的に社会創造に参加するという行為そのものが、自律性や自己効力感、達成感を得る機会になり、一人ひとりのウェルビーイングを高めていくのだ。これは消費者として社会に受動的に関わるよりも、自律的に社会へ参加する方がウェルビーイングを高めるという新しい社会のビジョンを示している。そして、それによって生み出される社会もまた、これまでよりもウェルビーイングな暮らしを実現できる社会となるはずだ。近代化によって私たちが生きる世界は豊かになったが、一方で、特に都市はもっぱら「消費」のための空間として位置づけられ、「生産」の場が失われてしまった。しかし、私たちは本来誰もが社会を創造できるのだ。理想とする社会像とそれに向けた実現方法という二重の意味で、ウェルビーイングという軸はこれまでとは異なった社会創造のビジョンを開くはずである。

ジレンマを超えるためのウェルビーイング

本節では、コミュニティと公共における3つのウェルビーイングの要因を考えながら、それがこれからの社会創造にとって重要なものであること、さらにはその実践がフィードバックループを起こして、ウェルビーイングを高めてくれる可能性を示した。すなわち、コミュニティと公共のウェルビーイングを実践していくことは、新たな社会をつくっていくことそのものなのである。

それだけでなく、ウェルビーイングを起点とすることで、現在のコミュニティや公共が抱える問題を解決できる可能性もある。先に、コミュニティカフェや地域の居場所への注目が高まっていると述べたが、じつは仔細に見ると両者には断絶がある。地域政策やまちづくりの文脈において中間支援機能が期待されるコミュニティカフェと、地域福祉の領域で高齢者や子どもが安心して過ごすことのできる地域の居場所は、似たような場でありながらその本質的な価値観が異なっているのだ。前者はどうしても活動拠点としての課題解決機能、すなわち道具的価値が優先され、後者のように居場所的な場は存在論的な安心が尊重されている。このジレンマは、地域の交流拠点だけの問題ではなく、近代の社会・経済活動全般に見られるものである。すなわち、何かを効果的に生み出そうとすると、人間の基本的存在が後回しにされ、逆に存在の尊重を優先すると、活動が停滞し、目的が達成されないということが起きやすい。これはもちろん情報通信技術の開発にも当てはまる構図といえるだろう。

ウェルビーイングラボの可能性

ウェルビーイングとは、存在論的安心に根ざした概念であった。これを社会デザインの舵として導入することで、こうしたジレンマを乗り越える可能性を探っていきたい。「存在」か「機能」かという二項対立から、存在を軸にした未来創造という新しい価値の領域が開かれる可能性がある。地域を新たにデザインしていく拠点でありながら、存在論的安心をその基軸に据えた空間——多様な人々が行き交い関わりあえる公共の場でもあり、そこからウェルビーイングな社会を構想するようなリビングラボの可能性を探れないだろうか。それは、いうならば「ウェルビーイングラボ」と呼べる場なのかもしれない。こうしたラボに地域のさまざまな課題が集まり、コミュニティの多様な人と資源の組み換えが起こり、そのなかから次世代の情報通信サービスが生み出されていくような社会的創発のプラットフォームも可能なはずである。こうした場の試みは各地で萌芽的に起こっているが、「ウェルビーイングラボ」を明示しているものはほとんどない。とりわけウェルビーイングを軸にテクノロジーとコミュニティがともにアップデートされていくようなラボには大きな期待が寄せられるに違いない。

ウェルビーイングは新しい地域社会を構想する舵であり、ウェルビーイングラボはその具体的な社会的創発のエンジンとなっていく。人口構造が大きく変容していけば経済的にもウェルビーイングが重視されるだろう。思えば環境問題について企業や個人が配慮することはいまや社会的常識となっているが、ほんの20数年前までは環境問題がビジネスになり、社会の常識となるとは多くの人には信じられなかった。しかし、現代社会で仮に環境問題について一切考慮しない企業があったとしたら、その企業が社会的に存続することは難しい。

ウェルビーイングについてもまた同じことがいえる。それは現在では付加的な概念のひとつに過ぎないかもしれないが、遠くない将来、ウェルビーイングに配慮しない企業や自治体など考えられないという社会が到来する可能性は高いはずだ。その社会におけるウェルビーイングとは、もちろん長らく欧米を中心として議論が進められてきた「個人」のみを対象とする概念ではありえない。これからのウェルビーイングとは、これまで見てきたようにコミュニティや公共と関わりあいながら実現されていくものでなければならない。そうしたウェルビーイングな社会に向けて、テクノロジーとコミュニティをともにアップデートさせていくためのプラットフォームの重要性が今後ますます高まっていくだろう。

1.4

Internet Wellbeing

インターネットのウェルビーイング

何もかもが揃い、経済が活発であるという状態。一見すると、そういった世の中で暮らしている人々は、誰もが幸せであるかのように思える。しかし、本当にそうだろうか。過去に実施された戦後日本の国内総生産と主観的ウェルビーイングの相関を研究する調査によると、1950年代から1980年代まで、いわゆる高度経済成長期の日本国民の「人生の満足度」は横ばいであったという。また、Google Booksの解析に基づくヒルズらの調査*7では、19世紀から21世紀にわたって、欧米各国における主観的ウェルビーイングは向上していないという結果も出ている。つまり、「なんでも手に入る状態」というのは必ずしも幸せには結びつかないのだ。

いま、インターネットが急速に普及したことで、情報技術が急速に発達している。欲しい情報はすぐに手に入るようになっただけではなく、むしろ頼まなくても情報が自然と手元に届くようになった。また、Amazonなどで欲しいものを注文することで、家から一歩も外に出なくても自宅に商品が届く。もはや自分から何かを手に入れようとアクションを起こさずとも、勝手に情報やサービスが自分の手元に舞い降りてくるようになった。こういった現在の状況は、インターネット黎明期である90年代に比べても非常に利便性が高く、人々のライフスタイルの向上に貢献しているともいえる。しかし一方で、そういった情報技術の発達が人々に歪みをもたらしていて、個々の「幸福度」にも影響をもたらしている。いままさに、学術研究者や活動家が活発な議論を起こしているところだ。

「注意経済」が刺激を麻痺させていく

電車での移動中や仕事の休憩時間、手元にあるスマートフォンを無意識のうちに取り出し、フィードに流れてくる情報を眺める。すると、気づいたら体感以上の時間が経過していることがある。画面をスクロールしている間は、画面越しの情報に夢中になっているものの、時計を見た瞬間に空虚に包まれる。有意義だったか、と問われると首を縦には振りにくい。「刺激はあった」ものの、「何もしていない」という感覚の方が強いのだ。こういった「虚無」の経験を紐解いていくと、そもそも情報技術の発達を促してきた「経済の基本原理」に原因があるのでは、という説が浮上する。

インターネット・バブルが一度弾け、ユーザー生成型メディア（ＣＧＭ）が広がろうとしていた

＊7　Hills, T.T., Proto, E., Sgroi, D., & Seresinhe C.I. (2019). Historical analysis of national subjective wellbeing using millions of digitized books. Nature Human Behaviour, 3(12), 1271-1275.

２０００年代初頭、「注意経済（アテンションエコノミー）」というビジネスモデルが生まれた。この定義の誕生により、インターネットサービスにおいては、いかにユーザーの注意を惹き付け、画面表示回数と滞在時間を上げることで広告収益とデジタル課金を最大化するかという点が、最重要な重要業績評価指標（ＫＰＩ）となる。代表的なものとして、ホームページのトップや、サイトの目立つところに表示されるバナー広告を思い浮かべてもらいたい。「今だけこの価格」「今よりももっと美しくなれる」「これさえあれば痩せる」といった扇情的なコピーと目立つ色合い。目にした瞬間にクリックを誘発させるような煽り文句とビジュアルに覚えはないだろうか。

こういった「注意経済」は、企業（広告出稿者）・メディア・消費者というそれぞれの立場に大きな影響をもたらした。いままでテレビや新聞など、マスメディアへ出稿するほどのＰＲ予算を持っていなかった企業でも、簡単に自社製品やサービスの宣伝を行うことが可能になったし、メディア側も新たな広告収入モデルを得たことで、より継続的にビジネスとして運営することの可能性を見出した。また消費者にとっても、日々受動的に製品やサービスを知るチャンスを得ることで、自分がいままで知り得なかったことに出会える確率が上がった。また、一度欲しいと思っていた商品をもう一度思い出させるリマインダーの役割を担うこともあるだろう（広告業界では「リターゲティング」と呼ばれる機能だ）。

注意経済がもたらす社会的影響

しかし、注意経済に基づくビジネスモデルは社会的な問題も起こしてきた。注意を際限なく惹きつけることを目的にした広告が増え、常日頃から「刺激」を与えられ続けることで、徐々にユーザーが刺激に対して麻痺するようになったのだ。認知行動精神医学者のマジョレによると*8、刺激の強い広告、たとえば過激な性的描写、身体的コンプレックスに訴えかける内容、実際の製品の効能を誇張する内容に晒され続けると、ユーザーの心理状態は、矢継ぎ早に新奇な性的刺激を求めようとする「クーリッジ効果」のような状況を日常的に起こしているというのだ。

いま、広告出稿に制限をもうけ、過激な表現やオーバーな内容を含む広告の出稿を拒否する動きも出ているが、そういった扇情的な表現を求める動きはバナー広告に限らず、ニューステキストやＳＮＳでの表現でも見受けられるようになった。たとえばＳＮＳで「タイトル詐欺」という表現がある。これはニュースサイトやブログ、動画などにおいて、タイトルで読者を徹底的に煽りつつも、実際にリンクへ飛んでみると内容はタイトルほどのものではなかった、ないし全く違う内容だった、という状態を指す。この言葉が示す事実はふたつ。「メディアがより読者を煽らないといけない状況にある」ということと、「読者はより強い刺激がある情報を求めるようになった」ということだ。

また、ここでいう注意経済の「刺激」は、性的・暴力的な過激表現に限らず、全ての静止画や動画にも関係している。「フードポルノ」「感動ポルノ」という言葉をＳＮＳ上で聞いたことはあるだろうか。たとえば意図せず食欲をそそるようなご飯の写真をInstagramで見つけたとする。その視覚的な情報に

*8 Majeres, K. (2016). The science behind pornography. http://www.purityispossible.com/the-science-behind-pornography/

より、自身の実際の状態はさておいて「食べたい」「飲みたい」などの急激な欲求が湧き出すことがある。また「泣ける」「感動する」といった感情も、たまたまそういったコンテンツが目に入ることで急激に湧き上がり、急激にクールダウンする。対象の背景や根拠を理解していなくとも、私たちはそれらのコンテンツに急激に感情を揺さぶられるのだ。いま、このように深い文脈情報を共有していなくても、強い感情を引き出される情報全般が注意経済的な価値を帯びている。

情報の取捨選択とストレス

インターネットの注意経済によって生み出されたこれらの刺激が、脳にどのような影響を与えているかは正確にはまだ判明していない。しかし、常に刺激が与えられ続ける状況下に人が居続けることで、脳の認知構造に影響を及ぼしている可能性はある。その一方で、普段私たちが触れている情報量の増加についても危惧すべきだ。日々私たちがスマートフォン越しに眺める膨大な情報が、私たちの脳に影響を及ぼしている可能性は十分にある。

いま、インターネット上では毎日2・5京バイトのデータが生成されているという。情報通信政策研究所の調査*9によれば、2008年の段階で日本国内の情報流通量が一日あたりDVD2・7億枚であるのに対して、情報消費量は一日あたりDVD1・1万枚と試算されている。つまり、2008年時点で実際に私たちが毎日受け取っている量の約2・5万倍もの情報が、社会のなかで流れていることになる。２０２０年現在、この差はさらに広がっている可能性が高い。

もちろん、この数値には注意経済の構造と並行して、個々人が摂取できる限界を超える情報量が流通するために、より効率よく乱雑な情報を整理し秩序を作る過程があることにも留意すべきである。いま、Google検索にはページランクによるアルゴリズムの制度があり、リンク先の構造や、ウェブページの価値を計算・ソートするというロジックが導入されている。たとえば旅行先の温泉宿を調べたくて「草津温泉　宿」と検索をかけた時、ユーザーがより欲しい情報である温泉宿の情報が検索上位に来て、あまり関係のないサイトを検索の下位に持っていくといった「情報の取捨選択」を、プラットフォーム側が自動的に行っている。その機能が導入される以前は、地道に検索で表示されたサイトを上から順番にクリックしていくという負担がユーザーサイドに課せられていたので、以前に比べると情報の取得効率は格段に向上している。

インターネット広告にも「セグメント」の機能により、ユーザーが興味のない広告を事前に排除する動きは出てきた。たとえば検索キーワードやユーザーの属性（男女・年齢・居住地など）を元に、興味や関心度の高いであろう広告を表示させることによって、より有益な情報のみを見せようとするシステムができあがっている。また、ユーザーが必要に応じて通報を行ったり、非表示にしたりする機能を提供していることも、インターネットが発達するなかで付与されたものだ。

＊9　情報通信政策研究所調査研究部「我が国の情報流通量の計量と情報通信市場動向の分析に関する調査研究結果（平成20年度）―情報流通インデックスの計量―」http://www.soumu.go.jp/iicp/chousakenkyu/data/research/survey/telecom/2010/2010-I-03.pdf

阻害される自発的な情報選択

しかし、それでもユーザー側の視点に立てば、多すぎる情報量の中から有益なものを取捨選択するという大きな認知ストレスがかかる。日々まとめられる「草津の温泉○選」「人気宿ランキング」などの膨大な情報の中から、より確かな情報をピックアップしていくこと。あるいは無数の旅行関連サービスを横断し、膨大なユーザーコメントをチェックしながら吟味すること。私たちは無自覚にも、こういった「多すぎる魅力的な選択肢から一つを選び出す」という労力を強いられている。また、いかに広告がセグメントによって情報の排除を行おうとも、そもそも取捨選択の認知コストを課されている状況はユーザーにとってはストレスを生じさせる構造だ。

実世界の状況（実在する物体の提示や、金銭の授受の判断）での行為と、仮想的な状況（想像上の設定や、研究室での実験環境など）での行為とでは、前者の方が扁桃体により多くの活動が認められる[*10]。扁桃体とは、恐怖や安堵といった感情につながる情動を制御する脳部位だ。感情に強く訴えかける情報で溢れるインターネットではあるが、実は扁桃体が実世界の刺激よりも低い活動を行い続けていることがわかった。この事実は、実世界の状況とは異なるやりかたで情動を刺激する長期間のオンラインでの活動が、ユーザーの実世界での反応や社会関係上のインタラクションにも影響を与えている可能性があることを示唆している。

ユーザーは、自ら望まない不適切な情報に曝されたり、無意識のうちに強い刺激を求めるようにされてしまったりと、自律的に望ましい情報を取捨選択することが難しくなっている。自動的なアルゴリズムの発達や、常に刺激的なコンテンツに晒される状況が、私たちの自発的な情報選択の意思に影響を及ぼしている。スマホを見続けていて「何もしていなかった」と感じるのは、こういった影響が関係しているだろう。要するに「自分の意思で考えているようでいて、考えていない」のだ。

注意経済における広告の問題は、こうした社会全体を覆う情報量の問題とも照らし合わせて考察する必要がある。しかし、その議論は活性化しているものの、そうした影響を制御する技術や社会的な機構は十分に機能していない。常にレコメンデーションが行われ、それが中長期的にユーザーの心理状態にどのような影響を及ぼすのか、企業の技術設計の段階ではほとんど議論されていないのが実情だ。

直面するフィルターバブル問題

さらに、現在インターネットが抱える問題として挙げられるのが「フィルターバブル」という問題だ。たとえば動画投稿サイト「YouTube」で音楽関連の動画を連続して観ると、関連するおすすめ動画で別の音楽動画が表示される。さらに動画を見続けると、今度はただの音楽動画のみならず、音楽のジャンルも絞られた動画が表示されるようになる。すると、音楽関連の動画のみが勧められ続け、それ以外の動画はあまりおすすめ動画として表示されなくなる。このように、検索エンジンのアルゴリズムがユー

＊10 Camerer, C., & Mobbs, D. (2016). Differences in behavior and brain activity during hypothetical and real choices. Trends in Cognitive Sciences, 21(1), 46-56.

ザーの情報に基づいて、ユーザーが観たいであろう内容を推測し、関連する情報を提示するレコメンデーションによって、ユーザーが自覚することなく、自らの嗜好性のなかに閉じ込もってしまう現象は「フィルターバブル」と呼ばれている。

この現象が文化的な趣味・趣向の範疇に留まれば、まだ悪くない話のようにも思える。しかし、このフィルターバブルの影響は政治的思想の次元にまで及ぶ。特に米国では、トランプ政権下でのフェイクニュースの横行と関連して真剣な社会的議論が展開されている。ある調査によれば、米国の民主党と共和党の支持者たちは年々対立を深めており、合意できる政策の数が減少し、さらに双方ともに敵対する政治陣営の政策が国家的なウェルビーイングを阻害していると考える人間の割合が増加している。これは、ユーザーが見たいであろう情報のレコメンデーションによって、対立構造を引き起こすような情報が目にとまることが増加し、政治思想がより過激に、攻撃的に変化していったとも考えられる。

もちろんこの状況を引き起こした全責任が情報技術にあるわけではない。いくら技術が発達したとはいえ、その情報を信じるかどうかは人間の心理に関わっている。それに「信じたいものを信じる」という確証バイアスがもともと人間の心理に備わっているからこそ、こういったフィルターバブルのような現象は起きる。しかし、問題はレコメンデーションエンジンが価値中立的ではなく、設計者の意図が深く介在しうる点だ。

Facebookを使った社会実験

このことを一般に広く知らしめたのは、約20億人のユーザーを抱える世界最大のＳＮＳ、Facebookによる社会心理実験だった。過去、60万人以上のFacebookユーザーに対し、事前に同意を得ることなくＡＢテストが行われた。半分のＡグループにはネガティブな情報を一定期間見せ続け、もう片方のＢグループにはポジティブな情報を見せ続けた。すると前者のユーザーたちはよりネガティブな投稿を行うようになり、後者のユーザーはよりポジティブな投稿を行うようになったのだ。

この研究は大きな反響を呼び、事後的に実験のことを知った当該ユーザーたちによる集団訴訟にまで発展したが、ここで判明したのは、情報提示のアルゴリズムの設計者、そのロジックを熟知する人間が、恣意的にユーザーの心理を操作できるということだ。実際、Facebookは現在のアメリカ社会において、公的なメディアとしての責任を追及されている。２０１６年の大統領選挙に際しては、大量のロシア籍の広告主が、民主党候補を揶揄するフェイクニュースの広告枠を購入していた事実が判明し、同社幹部が米議会の公聴会に召喚されている。

Facebookにおけるフィルターバブル問題は、まさに個人から社会までのウェルビーイングのあり方が問われている。政治的な分断のみならず、ユーザー個々人に与える心理的な悪影響までもが広く論じられているからだ。たとえばトゥウェンジらによる長期調査では、ＳＮＳに没頭する若年層のウェルビーイングは、そうではない比較集団と比べて低下していることが示された*11。またタークルは、対面コミュニケーションとＳＮＳ上のコミュニケーションを比較し、後者には、常に他者と接続しなければならないという強迫観念を生み出す構造があることを論じている[12]。これらの検証結果が表しているのは、ＳＮＳが「個」を強調するあまり、ウェルビーイングの一要素である「他者との関わり、良好な人間関係」が失われ始めているということではないだろうか。

Time Well Spent

この状況を生み出した原因のひとつに、ＳＮＳの普及によって生じた「盛る」文化の浸透があげられる。２０１７年に、マーストリヒト大学、ルーヴァン・カトリック大学、ミシガン大学などのチームが合同で発表した研究によると、ソーシャルメディア上では人々が現実よりも充実し、幸せそうに演出された写真や書き込みをするため、それらを黙って受動的に見続けていることが気分の落ち込みにつながるという[13]。つまり、他者と自身の状況とを比較し、「他人より自分は幸せではない」という思い込みにつながるのだ。特にフォロー数・フォロワー数が明確化され、人とのつながりが数値化されたいま、「他者との関係を持った数」でも他人と自分を比較できるようになってしまった。これは、タークルのコミュニケーション比較における説とも通じるものがある。

なお、こういったＳＮＳが引き起こした問題の提起と、それに対する警鐘は情報技術産業の内側からも上がり、見直され始めている。Googleでデザイン倫理を担当していたトリスタン・ハリスは同社を退社後、ウェルビーイングを「Time Well Spent」（タイム・ウェル・スペント：心が豊かになる滞在時間）という指標として企業が採り入れることを提唱した。ユーザーごとのページビュー数や滞在時間といった企業収益と直結する既存の指標に加えて、提供サービスがユーザーのウェルビーイングの向上にどれだけ貢献しているのかを技術的に捕捉し、測定可能にしようというアイデアだ。２０１７年末には、Facebookの幹部と役員が、同社のアルゴリズムが人間の心理に与えている悪影響について批判を行った。２０１８年1月、同社ＣＥＯマーク・ザッカーバーグが、Facebookのタイムラインを計算するアルゴリズムの変更を打ち出し、収益を引き換えにしてでもユーザーのTime Well Spentを向上させることに努めると発表した。具体的には、１日の合計利用時間に達した時のリマインダーや、通知機能の調整などにより、ユーザーが常にＳＮＳを眺め続ける状態をなくすといった機能がこの「Time Well Spent」の考えのもと発表・実装された。

この設計思想はまだ新しく、今後も具体的にどのように展開していくのかは明らかになっていない。しかし、収益の増大という株式企業の論理と、ユーザーのウェルビーイングの向上という社会的規範や倫理を架橋しようとする姿勢は、情報技術の設計に携わる人間にとって極めて重要なものとなる。

＊11 Twenge, J.M., Martin, G.N., & Campbell, W.K. (2018). Decreases in psychological well-being among American adolescents after 2012 and links to screen time during the rise of smartphone technology. Emotion, 18(6), 765-780.

＊12 Turkle, S. (2015). Reclaiming Conversation: The Power of Talk in a Digital Age. Penguin Press.

＊13 Verduyn, P., Ybarra, O., Résibois, M., Jonides, J., & Kross, E. (2017). Do social network sites enhance or undermine subjective well-being? A critical review. Social Issues and Policy Review, 11(1), 274-302.

「わたしたち」のウェルビーイングとインターネット

先述したように、欧米では、「個（わたし）」が屹立しその個が集まって社会が構成されているのに対し、日本では、状況に応じて他者と主体を共有する「共（わたしたち）」の人間観が観察される。実際、先述したように、私たちの研究プロジェクトでは、ウェルビーイングを構成する3要素を挙げてもらうアンケートやさまざまな分野の専門家にインタビューを行うなかで、日本社会におけるウェルビーイングにおいては「自律性」（個人内）、「思いやり」（個人間）、「受け容れ」（超越的）という3つの要因が重要ではないかと考えた。日本社会において多くのユーザーが利用しているSNSやコミュニケーションツールの多くは、主にアメリカで設計された「個」の意識が強いものである。わたしたち日本人は、ツールに順応しているかのように見えて、根本的には日本的ウェルビーイングを得られないような仕組みのなかに自らの身を沈めていることにならないだろうか。だからこそ、日本的ウェルビーイング、つまり他者とのつながりに重きを置く「共」を基盤とした情報技術のあり方を議論することや、そういった考えに基づくサービスを生み出すことは極めて有意義であろう。

今後SNSに限らず様々なサービス・テクノロジーのなかで、人々の中長期的なウェルビーイングを尊重する動きが経済的な合理性を帯びてくる可能性がある。その鍵を握るのは、他者のウェルビーイングに寄与できることを感じられる仕掛けや、他者との積極的な対話が生まれるツール、自発的な欲求を満たす選択構造といった、「わたしたち」のウェルビーイングの考え方に基づく技術ではないだろうか。

もちろん、「個」を失わせ「共」に重きをおくべき、ということを言っているのではない。個と共を対立軸として見るのではなく、「個でありながら共」、言い換えれば、「わたしのウェルビーイング」が満たされつつ「わたしたちのウェルビーイング」も充足される、という重層的な認識をもつことが重要であるということだ。

また、必ずしも「日本で開発されたサービスだから共のウェルビーイングの要素がある」「海外のサービスにはその要素がない」というわけではない。海外のサービスの中にも「共」のウェルビーイングに呼応する部分は発見できるはずだ。大切なのは、文化差はあるという想定に基づいて、「共」のウェルビーイングに資するデジタルテクノロジーをどのように設計できるか、ということである。そのためには、共通のユーザーによる主観評価のフォーマットやアクセスログだけにとどまらず、ユーザーがシステムを利用する際の状況や、心理状態の推定方法などからも考察すべきだろう。「共」と銘打つ価値評価基準の実効性を確かめるために、異なる文化背景のユーザーの比較調査も必要であろう。

インターネットとは、その本質において縁起的なネットワークであり、「共」の基盤となる力を潜在している。個と個の差異を強調するのではなく、「わたしたちのウェルビーイング」の設計思想に基づいたツールや評価手法がもっと増えれば、そのリアリティは社会的にも共有されることになるはずだ。

Part 2

Wellbeing in Practice

ウェルビーイングに向けたさまざまな実践

本パートでは、『Positive Computing』の著者のひとり、ラファエル・カルヴォ氏のイントロダクションからはじまり、「〇〇とウェルビーイング」と題し、関連分野の専門家からの実践的な論考を掲載している。テーマは、「情報技術」「つながり」「社会制度」「日本」と多岐に及ぶ。情報技術は、現代社会には欠かせないものであるし、つながりは、まさに「わたしたち」という考え方をどう捉えるのか、その核心である。社会制度は、「わたしたち」と社会に関する規範が論じられている。日本というテーマをとりあげたのは、「わたしたち」という考え方が、日本や東アジアの集産主義的な考え方に基づいており、その背景をより深く知るためである。

2.0

Introduction

テクノロジーから「自律」するために

ラファエル・カルヴォ
（構成：編集部）

8～9年前に個人や社会を幸せにする情報技術「ポジティブ・コンピューティング」の研究に取り組み始めてから、感情・認識・振るまいにつながりがあることに気づきました。この3つの要素について、コンピュータの進歩によって多くのことが明らかになっているのです。たとえば、感情をいかに認識するかについて考えてみましょう。Googleで何を検索し、SNSに何を書き込んだのかを分析することで、人々の振るまいを行動から分析することができ、その人が何を考えているのか、つまり認識の一部までも理解することができるようになってきています。この3つの要素を扱うのは、さながら心療内科医のようなものです。

異なる規範から学ぶべきこと

書籍『Positive Computing』（邦訳『ウェルビーイングの設計論』）*1を書いているときに、ウェルビーイングを設計するためには異なる規範のなかで「ウェルビーイング」を語らなければならない、という問題に直面しました。心理学はもちろんその規範のメインとなります。ただそれに加えて、ヒューマン・コンピュータ・インタラクション、感情計測、個人情報学、行動経済学、デザインや建築といった領域の規範も扱わなければいけません。実はウェルビーイングは、多くの研究者が取り組んできた分野なのです。

ただ、そもそもウェルビーイングとは何なのでしょう？　自分たちが設計しなければならないものが何かを知ることは非常に重要です。出発点として、医学的なモデルを考えてみましょう。

『Positive Computing』

医者に行って「気分が良くないし、憂鬱だ。あまり食欲もない」と言うと、多くの質問を投げかけられるはずです。「夜は眠れてますか？　何を食べていますか？」といった具合です。その結果を受けて、医者は「あなたは病気です」と診断し、治療をしてくれるでしょう。臨床医学においては、「ウェルビーイングである」

*1 『Positive Computing: Technology for Wellbeing and Human Potential』Rafael A. Calvo, Dorian Peters, MIT Press, 2014

ということは「病気でない」ということなのです。ただ、多くの人たちはこの定義では十分ではないと感じています。鬱でないことが快調であることを常に意味するとは限りません。人が「快調である」と感じるときに、どのような状況にいるのかを知らなければ、ウェルビーイングを設計することは難しいのです。

ポジティブ心理学という分野の研究者たちは、人々が快調であると感じるファクターの定義を行ってきました。ウェルビーイングを支える心理的要因を調査により明らかにしながら、それを実現するためにサポートする手段を考えてきたわけです。彼らが見つけ出した要因のなかには、「共感」のような、周りの人々との関係のなかで生まれる感情も含まれています。心理学者によると、他人の感情を理解することができる人びとは、他者とよい関係を築くことができるようです。また、自分の感情を理解できれば、それを制御することも可能になります。たとえば自分が怒ったとしても、それに気づくことができれば怒りに対して何か対処することができます。感情を知ることで、もっと他者とウェルビーイングな関係性をつくることができるはずだ、というアイデアがポジティブ心理学から導き出されます。

デザイナーやエンジニアがウェルビーイングを設計するとき、過去の様々な研究から道筋を学ぶことができます。たとえば、心理学の自己決定理論から、自律性、有能感、関係性という3つの要素が満たされれば、ウェルビーイングの設計が可能なことを学べるでしょう。もしくは、社会情動知能に関する議論から、自律、自己成長、環境コントロール、マインドフルネス、フロー、共感などのファクターを知ることができるかもしれません。異なる規範のなかにある様々な研究は、ウェルビーイングをサポートするためのデザインに活用できるのです。

自律のための3つのアプローチ

残念ながら、今日のほとんどのテクノロジーはウェルビーイングをサポートするようにデザインされていません。まったくもって「ポジティブ・コンピューティング」ができていないのです。そこで私たちは、3つの異なるタイプの取り組みを行うことにしました。

まず最初が「予防」です。たとえば、ソーシャルメディア上でユーザーに問題が起きたとします。サービスのデザインを見直せば、サイバーいじめやオンラインハラスメントのような問題を減らすことができます。特定の要因に取り組むことで、ネガティブなインパクトを減らすというアプローチです。

次に、「介入」という能動的なアプローチも存在します。これは人の感情を決定する要因を変化させるために行ないます。これにより、人が自分の感情をよりコントロールできる状況を生むことができます。たとえばマイクロソフトのWordにFocus Viewというモードが搭載されたとき、多くのボタンなどのノイズが減り、ユーザーは集中しやすくなりました。

最後は「特化」です。これは、特定のウェルビーイングの要因をサポートする新しいテクノロジーを開発することです。たとえばマインドフルネスのためのアプリをつくって、特定のゴールを設定します。それだけで心に対する積極的な介入を生むことができるのです。さらにこのタイプには、教員が学校で「共感」を教えるときのゲームをデザインするようなアプローチも含まれます。

このように私たちは、基本的に心理学的な取り組みからウェルビーイングが必要なポイントを研究しています。自分たちの「ウェルビーイングとは何か?」という問いを最大化することで、生み出されたプロダクトがモチベーション、さらには自分や他者への愛を増大させているのです。

テクノロジーを設計すること

他者というファクターについていえば、利他性とVRについての興味深い研究がスタンフォード大学でありました。「街の上空を飛行しているときに、地上で困っている子どもを見かける」というストーリーをVRを使って体験してもらいます。ひとつの被験者グループには、スーパーマンのように自由に空を飛び、地上で困っている子どもを見つけたときには、子どもを助けるVR体験をしてもらいます。もうひとつの被験者グループには、ヘリコプターの乗客として街を眺め、地上の子どもを見つけても、助けられないというVR体験をしてもらいます。そのVR体験のあとに、被験者に対して話をしていた実験スタッフがわざと床にペンを落とします。このとき、ヘリコプターのVR体験者はペンを拾わない人もいましたが、スーパーマンのVR体験者は全員がペンを拾う行動に出て、ペンを拾う行動にでるまでの時間も短いという結果が得られました。

これは、スーパーマンとして他人を助けるときのほうが「気分が良かった」からだと考えることができます。気分が良いことは何度でもやってみたくなるというのは、当たり前だと思うかもしれません。ただ、VRの世界だとスーパーマンになることは簡単かもしれませんが、現実ではどうでしょう。たとえばソーシャルメディアだと、同じ状況をいかに設計することが可能なのでしょうか。

LinkedInというビジネスSNSには、「他人のスキルを推薦する」という機能があります。推薦内容を書くときに、人工知能がキーワードをサジェストしてくれて、それを選ぶだけで完了します。ただ、問題はその作業がすぐに完了してしまうことです。ユーザビリティが高すぎて、誰かを助けているという感覚がなく、心理的に他人を助けている実感がない。一方で、企業内SNSのYammerでは、「なぜその人を推薦するのか?」といった質問がユーザーに投げ掛けられます。時間をかけて自分で文章を執筆することになるのですが、結果として他人を助けることをしているという実感を得ることができるわけです。

他者との関係という意味では、Facebookにも興味深い機能があります。お酒を飲んでいるときに友達を撮った写真をアップロードすると、友達の奥さんが見て飲みすぎをとがめられる可能性があります。これは、Facebookにおいて対人関係で問題が発生することを意味します。だからこのプラットフォームでは、アップロードされた写真を解析して、酔っぱらっている人が写っていることがわかると「この写真は、上司に見られても大丈夫ですか?」と質問を投げ掛けるような機能が実装されていた時期がありました。

以上からわかるのは、技術の体験において、インターフェイスがもつ役目というのがとても大きいことです。とくにユーザーの自律性という観点では、ここをどう設計するかが重要になっていきます。たとえば、使いにくいTVのリモコン。どう使うかわからないインターフェイスはユーザーに無力感を与えてしまいますし、そもそもリモコンはチャンネルを家族で争奪することにつながるため、他者との関係性という観点でも好ましくありません。

一方で、もっとユーザーに有能感を与え、自分が何でもできると感じさせるリモコンも設計可能なはずです。たとえば、どんな番組が観たいかを提案してくれる質問が投げ掛けられ、自分の意志で選択できるようなインターフェイスはどうでしょう。そうすれば、テレビを観せられているのではなく、観たいものを自律的に選び、自分のウェルビーイングを実現できるツールになりえるはずです。

わたしたちの研究では、たとえば喘息患者の子どもたちに「Kiss My Asthma」というアプリケーションを提供しています。アプリでは、自らの症状を記録しながら、シドニー大学が監修した医療情報にアクセスできます。喘息という病は、発作が起きたら自分でコントロールできません。だからこそ、ウェルビーイングにおいて重要な「自律」というテーマと関わってくると考えました。

アプリの開発のために、ユーザーと何度もワークショップを行い、ブレインストーミングをしながら、その気持ちをコラージュとして表現してもらいました。結果、喘息の患者の人々は孤独を感じているということがわかってきました。たとえばタバコを人と吸うことができなかったり、運動ができなかったりするからです。

ワークショップのあとは、プロトタイピング、テストなどを経て、ユーザーを交えながらデザインのプロセスを進めていきます。さらに、アプリを公開したあとも、ユーザーの行動を可能な限りで分析、把握して、実際の効果を検証していきます。この手法は製薬会社などでも使われ始めています。

倫理と哲学、日本がもつ可能性

もちろん、そんなウェルビーイングの設計をビジネスのなかで実現していくためには、様々な壁を越えていかなければなりません。企業利益とユーザーの幸福は、ときに矛盾することがあるからです。ただ、現状のウェルビーイングが足りないテクノロジーをめぐる状況に変化を求めているのは、消費者であることは疑いようのない事実です。

近年Appleは、iPhoneにペアレンタルコントロールやスクリーンタイムなどのスマホを触る時間を抑制する取り組みを行っています。その背景には株主からの圧力があります。多くの人が、スマホが若い子どもたちに悪影響を与えていることに危機感を感じた結果、このような変化が起きているのです。

ただ、一方でそこには倫理の問題もあります。経済学では自発的に望ましい行動を選択するように促す手法を「ナッジ」といいますが、ウェルビーイングにつながるような自律性のデザインがマーケティング目的に利用されてしまうと、ユーザーが自ら選択するということが、気づかないうちに難しくなっていきます。本当にユーザーのなかから自律性が生まれることに対して、われわれは誠実でなければいけません。

いま私は、ハイデガーというドイツの哲学者が技術について考えたことを学んでいます。自律性という問題は、「人間とは何か」という問題に深くつながっているからです。哲学者というのは、その問いを考え続けてきた人たちなのだと思います。

さらに日本の哲学にも触れていると、西洋と東洋では「人間」というものへの考え方、個と他者のとらえ方が大きく違うことに気づきます。もしかしたら、日本がロボット大国であることの根幹には、非生命的なものと関係性を結べる哲学があるのかもしれません。「人間の代わりに何でもやってくれるロボット」の登場が現実味を帯びつつあるいま、「人間の自律性をいかに担保するのか？」という問いを考えたときに、日本という存在は大きな意味をもってくるはずです。

2.1

Technology

情報技術とウェルビーイング

もっとも身近な情報技術とは、入力と出力を持ったスマートフォンやパーソナルコンピュータであろう。ユーザーのさまざまな状態や履歴を計測し、それにあわせて情報を提示してくれる。現在、そのようなやりとりは、画面上だけでなく物理的な身体を持つロボットへと拡張されている。また、データを直接、物理的な対象として出力するデジタルファブリケーションと呼ばれる分野の発展も著しい。本節の論考では、情動や欲求といった自分の中の他者、人工的に作られたものや人間でない他者との関係を、情報技術を介してどのように結んでいけばよいのか、新しい「わたしたち」のあり方を示唆してくれるものだろう。

2.1.1

Technology

感情へのアプローチが行動を変える

吉田成朗
（構成：編集部）

こんな経験をしたことはないだろうか。スポーツの試合や大事な舞台での本番前、緊張で体がこわばっているところにコーチやチームメイトが訪れ、「顔が固い！」と声をかけてくる。雑談をしつつ笑っていると気づいたら肩の力が抜け、リラックスした気分になっている。また、物事に煮詰まっているにもかかわらず、危機意識を抱けていなかったシーンがあるとする。他者から「もっと焦って！」と注意を受けたことで、自分の中に潜在していたネガティブな感情やストレスが浮き彫りになる。すると急に自分のギアが入り、物事を一気に動かし始めることになる――このように、ポジティブ感情もネガティブ感情も受け入れ、人生においてそれらを効果的に活用できる能力を、心理学者のディーナーとカシュダンは「ホールネス」と呼んでいる*1。

そして現在、この「ホールネス」という能力を、人の行動変容につなげる技術開発が進んでいる。具体的には、人の「感情」に働きかけることができるインターフェイスを作ることで人のポジティブ・ネガティブ感情を外部から生成することによって、今まで以上に幅広い行動や体験の変容につなげる、という試みだ。

自己効力感や自己知覚のコントロール

実は、「人の感情や、感情に由来する行動の変化はある程度自在に生起できる」ということがいくつかの実験から実証されている。その中でも象徴的な実験のひとつに、「心拍数」にまつわる検証がある。

何かモノを見て興奮したり感動したりする時、人の心拍数は自然と上昇する。この法則を元に、実験参加者にある写真を眺めてもらいながら、自身の心拍音であると偽って速い心拍音・遅い心拍音を聞いてもらった。すると、遅い心拍音に比べて、速い心拍音を聞くことで、眺めている写真への魅力度が高くなった。つまり、自分の中で生じているような反応を知覚させることで、感情を生起させることが可能になる、ということだ。

一方、感情の生起によって身体的な能力が引き出されるということを立証する実験結果もある。まず、ゴルフの成功判定を自在に変えられるシミュレータを使い、実験参加者にはゴルフパターの練習をしてもらった。その際、一部の実験参加者には自身が安定した身体パフォーマンスを発揮するためのルーティン、たとえばラグビーの五郎丸選手がボールキックの前に行う祈りのようなポーズを練習中に考えてもらった。そして実際にゴルフパターを実践してもらったところ、成功判定の緩いシミュレータを使い、ルーティンを獲得したグループは、同じ成功判定でもルーティンを構築しなかったグループや、成功判定の調整を行わずにルーティンを構築させたグループに比べ、パターの成功率が安定していることがわかった。

こうしたルーティンを作り、成功体験の連続性と結びつけることは、「自分なら達成できる」という感覚(自己効力感)の向上と安定した身体パフォーマンスの発揮につながる。そして、今ではスポーツの分野におけるアスリートのコンディションを整えることを目的として、頭部搭載型ディスプレイ(HMD)とモーションキャプチャシステムを用いた装置の開発も同時に進んでいる。具体的には、バーチャル空間において自分で投げたボールの軌道を違和感なく変化させ、どんなボールも必ず的に命中するような視覚体験を与えるのだ。この装置が完成し、実際に身体パフォーマンスが向上することが実証されると、ゴルフに限らず様々なスポーツへ展開できる可能性も生まれる。

＊1 『ネガティブな感情が成功を呼ぶ』ロバート・ビスワス＝ディーナー、トッド・カシュダン 著、高橋由紀子 訳、草思社、２０１５年

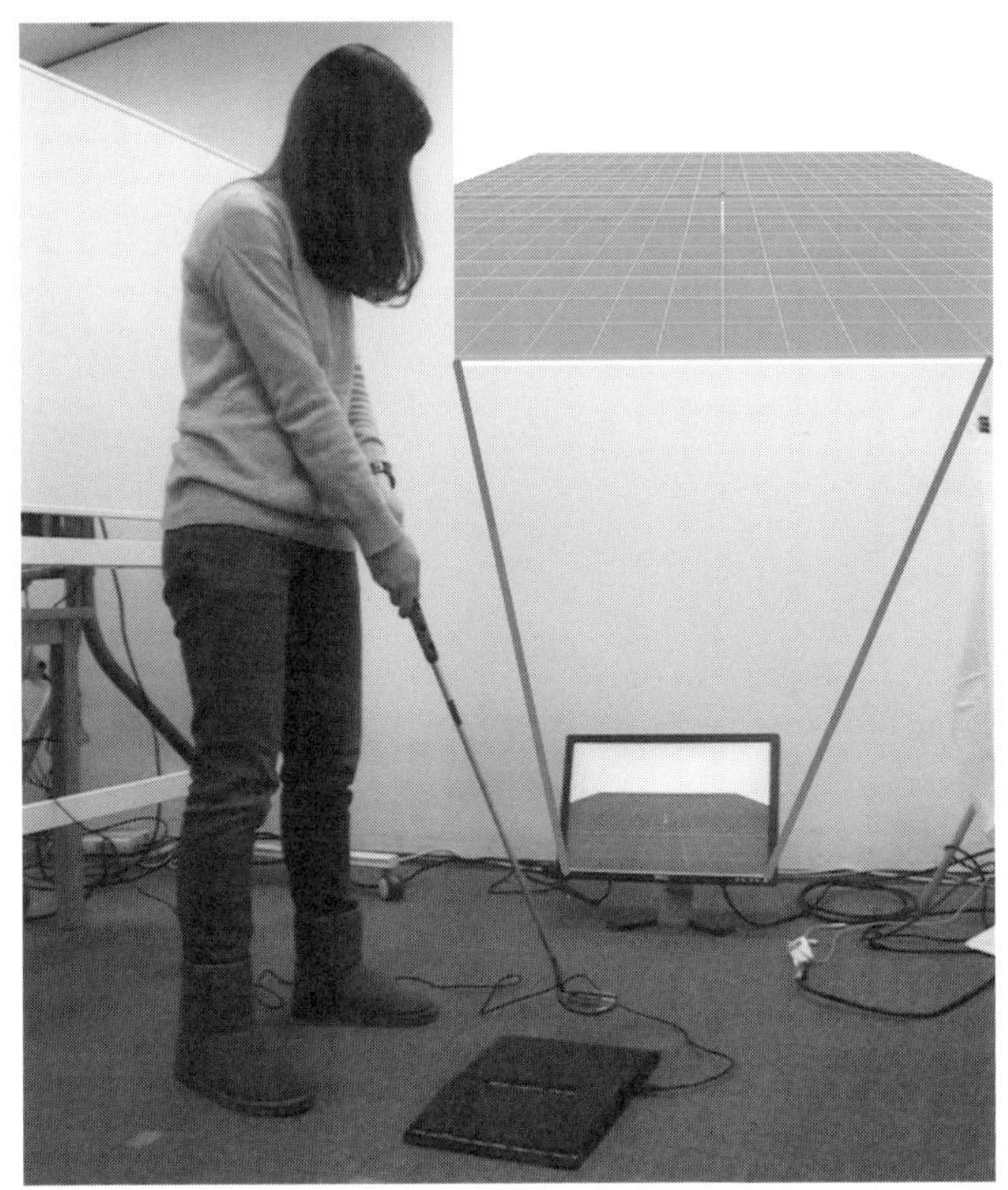

擬似的な成功体験を与えるゴルフパター・シミュレータ

投げたボールの軌道が変化して必ず的に命中する

従来から、「自分がゴールした姿」や「成功するための試合中の自分の動き」を想像するイメージトレーニングがスポーツの安定したパフォーマンスに影響を与える、とは言われてきた。それが、実際に装置を用いて、自分の動きに合わせて成功するシミュレータを視覚的に捉えることができるようになると、自己効力感が格段に向上することは言うまでもない。世界大会などで「プレッシャーに負けてしまった」「力が入りすぎてしまった」と肩を落とす選手は少なくない。こういったメンタル面のケアをシミュレータで補い、かつ心の状態を整える手段であるルーティンと結びつけることで、選手が自信や集中力の欠如、過度の緊張といった精神面の不調をきたすことなく、能力を100%発揮することにつながるのだ。

感情の生成が人を動かす

もちろん、こういった研究に疑問をもつ声もあるだろう。なぜなら上に挙げた「成功体験」や「心拍数」というものは、体の外部からの刺激による「虚偽」のアプローチだからだ。一見すると、自分の意思や行動とは直接関連のないものであり、相互性は生まれないようにも捉えられる。だが人間の体には、自分自身の行動を認識する過程で突然感情が生まれるというメカニズムがある、という検証も行われてきている。

人前でプレゼンテーションをする直前、自分の固まった表情を鏡で見て、初めて自分が緊張していることに気づく。すると、今まではリラックスしていたはずなのに、いきなり体が強張ってしまう。このとき体は視覚的に「表情の強張っている自分」を捉えることで、「緊張」という感情を想起させている。また、自分が無意識にも涙を流していたことに気づくことで、今まで平静を保っていたはずが突如として深い悲しみに襲われることもある。このメカニズムは、アメリカの心理学者・哲学者であるウィリアム・ジェームズが提唱しており、外部刺激から生じた涙や心拍変動、表情といった身体反応を知覚することが感情の経験につながるという[*2]。つまり、人は「悲しいから泣く」とされているが、そうではなく、「涙を流すことで悲しくなる」という説だ。

なお、この「感情と身体反応の知覚」の関係をもとに「笑顔を作ることや笑顔を見ることが、ポジティブ感情を高める」ということも判明している。そして、その結果を元に「笑顔を作ることで幸福感を高める」という、日常の幸福感を高めるためのインタラクティブな装置の技術開発も進んでいるのだ。笑顔を作ることでドアが開く冷蔵庫や、口角を上げることで解除されるドアロックなど、日常で笑顔を作る動作を組み込む技術開発により、人々のメンタルのケアや、生活における満足度の向上にもつながる可能性はある。

そして、この感情経験を生み出すメカニズムを、より実用化させるための検証がある。まず、体験者の表情をリアルタイムで笑顔や悲しい顔に加工し、正面に置かれたディスプレイに映し出す装置「扇情的な鏡」を作成。体験者には装置の前で2種類のマフラーを身につけてもらう。すると、笑顔に加工した際に眺めていたマフラーのほうが、悲しい顔に加工した際に眺めていたマフラーよりも好まれる、という実験結果が得られた。しかも、笑顔の加工を施した際は実際の体験者の表情も笑顔になり、悲しい顔に加工した際は体験者の表情もつられて悲しい顔になっていた。つまり外部から感情を生成することは、人の行動に変容をもたらすだけではなく、人の表情にも影響を与えることができる、ということが証明されたのである。

今、AR技術を用いて洋服を試着した時のイメージを鏡に投影するサービスなどが実用化されている。鏡の前に立つ人の表情もコントロールする技術を使えば、より購買につなげることも難しくはないだろう。

「もらい泣き」のメカニズムがコミュニケーションの潤滑剤に

さらには、他者の感情を知覚することも外部刺激と捉え、感情を生起させるきっかけにつなげ

*2 William James, What is an Emotion?, Mind, Vol. 9, No. 34, pp. 188-205,(1884)

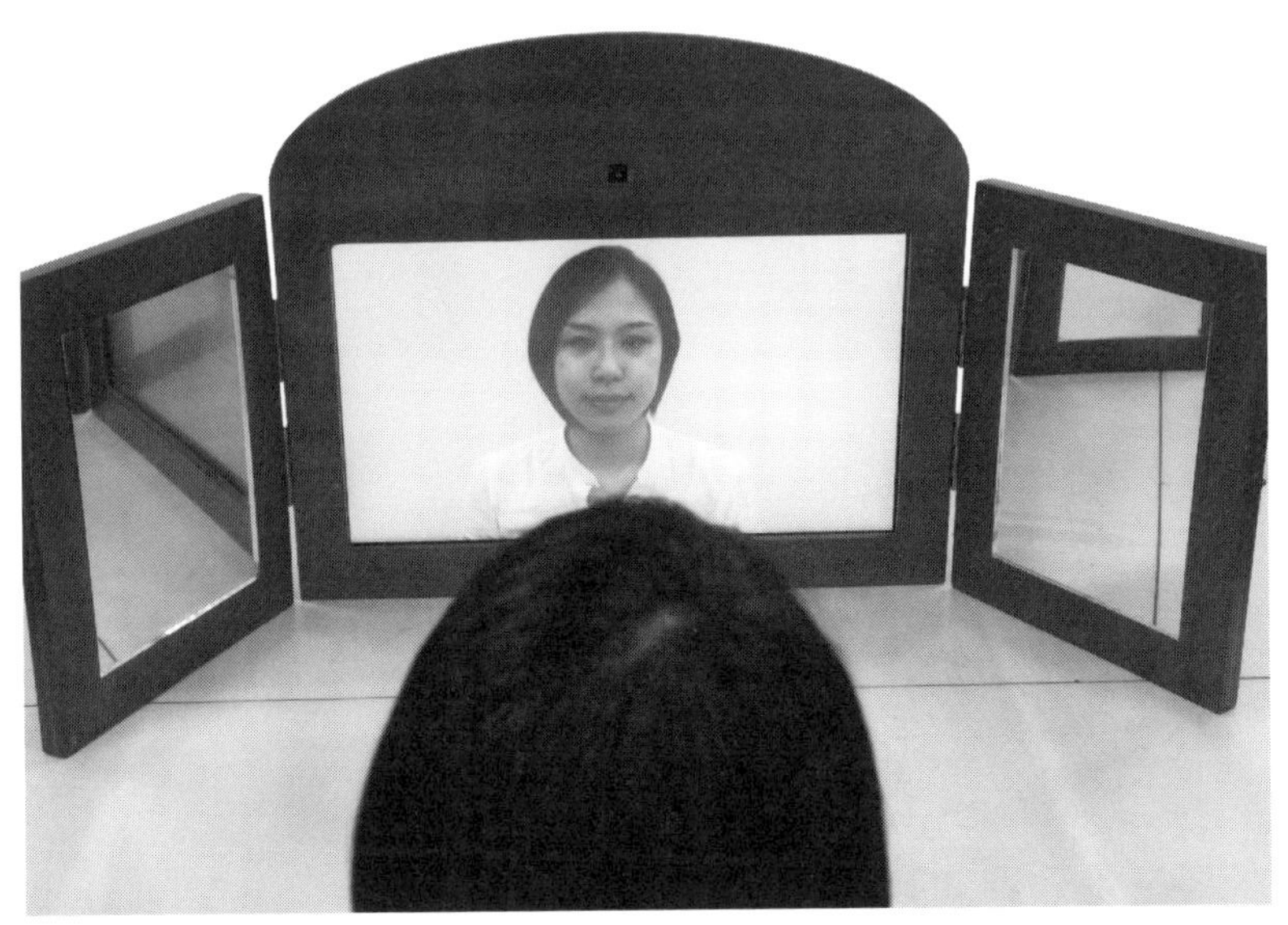

笑顔や悲しい顔に加工された自らの表情が映し出される鏡型の装置「扇情的な鏡」

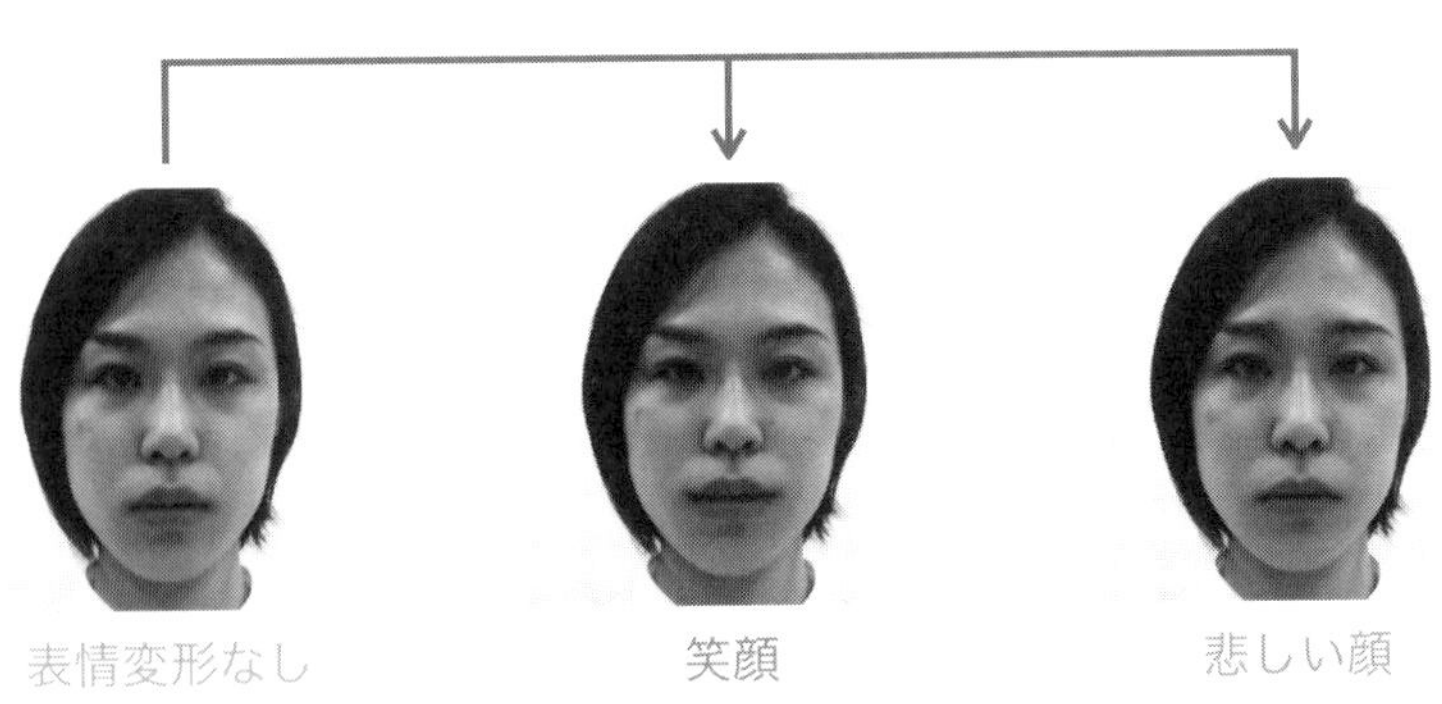

画像処理による擬似的な表情変形

Smart Faceを利用したビデオチャット実験の様子

ることも可能だ。たとえば泣いている人を見ると悲しみを感じ、もらい泣きしてしまったり、笑顔の人を見ると自分も楽しく感じることがある。こういった他者との無意識的な感情共有を活用したビデオチャットによるコミュニケーションの検証が行われた。まず実験では、すでに判明している「ポジティブ感情によって創造的活動の成績が向上する」という結果をもとに、対話相手の表情が変化して見えるビデオチャット「Smart Face」を構築。遠隔でのコミュニケーションにおいてどれほどアイデアの創出に影響を及ぼすかを検証した。

実験では参加者がペアになり、レンガや輪ゴム、鍋の蓋などの新しい使い方を考えるブレインストーミングを「Smart Face」を通して行った。すると、互いの表情を変形させせない時よりも、ビデオチャットで笑顔に変形させたときのほうがアイデアが浮かぶという結果が得られたのだ。つまり他者とポジティブな感情を共有することで、より人々の行動がポジティブな方向へ変容したことになる。

一方で、常に笑った表情では会話の文脈に適さなかったり、「真剣に聞いてくれていないのでは」と勘違いされる場合もある。相手が深刻な表情で問題を提起している時にずっと笑顔のままでは、相手の神経を逆撫でする可能性だってあるだろう。そこで、次の実験では自身の表情に同調するように対話相手の表情を変化させるビデオチャット「FaceShare」が作成された。この装置は、表情変形画像処理を用いて擬似的に表情の同調を引き起こす。今回は様々な表情のうち「笑顔」のシェアのみに限定。実際に「FaceShare」を用いて実験参加者に会話してもらい、コミュニケーションに変化が起きるか調査したところ、会話の円滑さや相手への印象が向上することがわかった。

これらのメカニズムはコミュニケーションをスムーズにさせるだけではなく、具体的な人々の経済活動にも作用する。特に遠隔で対応する顧客サービスの向上につながったり、商談などのビジネス・コミュニケーションにも影響を与えるだろう。遠方の相手とコミュニケーションをとる時ほど、互いの感情は読めなくなるものだ。しかし、こういった感情を共有するシステムを使うことで、相手の緊迫感を減らすことができる。たとえば、もし万が一こちらに敵意を持ったクレーマーとコミュニケーションをとることになったとしても、相手の感情とシンクロした表情を相手に見せることで、穏やかなディスカッションを展開することが可能になる。

理性へのアプローチから、感情へのアプローチへ

人間が行動するうえで、常に自分の利益につながるような選択さえできていれば、ここまで苦労はしないだろう。人が意思決定をする際も、自己の利益を優先させることもあれば、利害にかかわらず「相手との関係性」、つまり感情を優先させることもある。また、モノを購入するうえでも例外ではない。お金がない時に限って衝動買いをしてしまったり、必ずしも必要のないものを購入してしまうなど、人の経済活動には合理性だけでは片付くことのできない感情の作用が働いている。特に個人の購買活動においては「これは今買う必要はないのでは」という合理的判断と、「今すぐにでも手に入れたい」という感情のせめぎ合いの中で、人の行動が生まれる。そして、理性が打ち勝って購買を控えることもあれば、「それを手にしたい」という衝動が優って購買に進むこともある。このように、理性と感情の相互作用によって最終的な行動を決定する過程を、「二重過程理論」と呼ぶ。今回紹介した試みは全て、この二重過程のうち「感情」にアプローチをかけることで、人の行動がどのように変容していくかということにフォーカスしている。

なお、今回は主にポジティブな感情によるアプローチを活用した事例を紹介したが、同時にネガティブな感情も人々の行動変容に良い影響をもたらすことはある。たとえば、ネガティブ感情には適切な行動をとるための指針となったり、今取り組むべきことへの注意や意識を向けさせる働きがある。それにより、人々に顕在化していない事象への危機意識を与えることも可能だ。

従来のマーケティングでは「これがいかに役立つか」「いかにあなたの生活に必要か」という合理的なアプローチが中心となり、理性側に訴える情報によって人の行動変容を起こす試みがなされてきた。しかし、拡張現実（ＡＲ）技術などが発達し、今や我々が情報を得るための手段は文字や平面映像、音声だけではなくなった。自分の感覚上にとめどなく情報が押し寄せ、理性的な情報が溢れかえる状況となった今、人々を次の行動に移すためには、理性以上に「感情」へのアプローチが重要となるのだ。

2.1.2

Technology

〈弱いロボット〉の可能性

岡田美智男

このワクワク感はどこから？

はじめて万年筆を手にしたとき、車を手に入れたとき、とてもワクワクしたことを思い出す。紙の上に残されたインクの文字は、鉛筆やボールペンのものとは違って、少し大人びた感じがした。ドキドキしながらのドライブにも、どこか高揚感があった。少なからずウェルビーイングな状態をもたらしていたといえる。その背後には、どのような要因が潜んでいたのだろう。

もう少し遡るなら、子どもの頃にハサミなどの道具を手にしたときにも、同様な感覚があったように思う。ハサミは私たちの手の中にあって、はじめて紙を切り刻む、糸を断つなどの機能が立ち現れてくる。すぐに自在に操れるようになり、その硬い刃金は私たちの身体の一部として機能しはじめる。この自らの身体が拡張された感じというのは、とてもうれしいものだ。新たな能力を手に入れたようで、ワクワク感を伴うのである。

道具を手にすることの喜びはそれだけではないだろう。私たちの手や指の柔らかさは、丈夫な糸や紐を断つときには〈弱さ〉でしかない。けれどもハサミを上手に操るうえでは、その柔らかな動きは〈強み〉に変わる。手の動きがハサミの持つ〈強み〉を上手に引き出し、このハサミという素朴な道具が私たちの潜在的な〈強み〉を引き出すのである。

ハサミを使い込むことで、手に馴染むということもある。その使用の習熟に伴って、ハサミに新たな機能が備わると同時に、私たちはその道具を上手に使いこなす者として、その関わりのなかで新たに価値づけられることもあるだろう。

これまで筆者らのグループでは、〈弱いロボット〉と呼ぶような、すこし手の掛かるロボットの研究を進めてきた。私たちの手のなかにあったハサミとの関わりのように、人とロボットとのあいだで、お互いの〈弱さ〉を補いながら、その〈強み〉を引き出しあう関係を生み出す試みでもある。本稿では、これら〈弱いロボット〉たちとの関わりは私たちにどのようなウェルビーイングをもたらすものなのか、人のどのような〈強み〉を引き出すのかを見ていくことにしたい。

その〈弱さ〉をさらけだしてみてはどうか

あるとき「ゴミ箱の姿をしたロボットを作ってみよう！」ということで、学生たちと〈ゴミ箱ロボット〉なるものを作りはじめた。けれども、ゴミを摘まみ上げるロボットハンドの複雑な機構を考えただけで退散したくなった。で、苦し紛れに「ゴミを拾うのが難しいのなら、まわりの子どもたちに手伝ってもらうのはどうだろう……」という、〈弱いロボット〉の鍵となるアイデアが生まれてきたのだ。

「えっ、ゴミを拾い集めるロボットなのに、手も腕もついてないの？」とばかり、ロボット研究者からはまったく相手にされない。ちょっと気恥ずかしかったけれど、「ロボットなら恥ずかしくないいんじゃないの？　世間体を気にすることもないし……」と開き直ってみた。「その弱さを隠すんじゃなく、さらけだしてみてはどうか」というわけである。

あるとき、〈ゴミ箱ロボット〉を子どもたちの集まる広場に連れていき、動かしてみた。手作り感溢れるロボットは、なんの衒いもなく、広場をヨタヨタと歩き回る。と、それに気づいた子どもたちも「なんだコイツは？」と集まってくる。その気持ちを察したのか、一人の子どもが手に持っていた袋を〈ゴミ箱ロボット〉に投げ入れてくれた。それに合わせてロボットはぺこりとお辞儀のような仕草をする。「へぇ、おもしろい！」と、それに気をよくしたのだろう、他の子どもたちもめいめいにゴミを探してきてくれ、ゴミ箱はゴミでいっぱいになってしまったのだ。案ずるより産むが易し。このちょっと頼りないロボットは、まわりの子どもたちとの関わりのなかで、「ゴミを拾い集める」という当初の目的を果たしてしまったのである。

一方で、子どもたちの方はどうだろうか。「手助けするのも、まんざら悪い気はしない」というふうに、ちょっとだけ晴々とした表情をしている。「自分にも〈ゴミ箱ロボット〉の助けになれることがあった！」と、このロボットを相手に喜んでいるというのも妙な話だけれど、ロボットに寄り添い、面倒を見ている子どもたちの姿は、いつもより大人びて見えるのである。

どこまでそぎ落とせるのか

「あっ、そうか。人の手を借りちゃってもいいのか……」「だって、ソーシャルなロボットなんだもん」というわけで、「ゴミを拾う」という懸案はクリアできた。では、肝心のゴミを見つけるというのはどうか。ディープラーニングの力を借りれば、ゴミのようなものを探し出すことはできそうだ。でも捨てていいゴミなのか、それとも価値あるものなのかの判断は難しい。「それなら、近くにいる子どもたちに手伝ってもらえばいい……」ということで、ゴミを分別する機能も外せるのだ。

人にぶつからないように歩くというのはどうか。子どもたちのところにロボットを持ち込むときは、怪我を避けるために細心の注意を払う。でも、彼ら彼女らはことのほか俊敏であり、その挙動を予測するのはままならない。で、ここでも〈弱いロボット〉の本領発揮である。マゴマゴしていたりすると、子どもたちは幼い子どもを相手にするように気遣ってくれ、道をあけてくれる。「ぶつからないで歩く」ことを子どもとの相互行為として組織してしまうのである。

こうした試行を重ねるなかで、とてもローテクでチープなロボットになってしまった。けれども子どもたちとの関係性は、むしろリッチなものとなるようだ。シンプルでヨタヨタした姿は、子どもたちを味方にし、その優しさや気遣いまでも引きだすのである。

このことは〈ゴミ箱ロボット〉からの発話にも当てはまる。「ゴミを見つけました。そのゴミを拾ってください!」という発話の意味は明確だけれど、ロボットから指示されるようで具合がよくない。ならば、「もこー」「もこもん!」と言うのではどうか。ロボットがトボトボと歩くなかで、たまたまゴミを見つけて「もこ!」と声を漏らす。あたりを伺いながら「もこー」。その意味は正確には理解できないけれど、「あれっ、誰かに助けを求めているのかな……」と、まわりの者をその解釈に引きずり込んでしまう。ロボットと人との間で一緒に意味を生みだすような余地を含んでおり、どこかやわらかいのである。

ポケットティッシュを配るということ

次の生まれてきた〈弱いロボット〉は、街角にポツンと佇みながら、小脇に抱えたポケットティッシュを行き交う人に配ろうとする〈アイ・ボーンズ〉である。見知らぬ人に近づこうにも、その人が離れていってしまうのでは近づくということにならない。ティッシュを差し出そうとするも、その相手が受け取ってくれなければ手渡すことにならない。そうたやすい仕事ではないようだ。

「どうなってしまうかわからないけれど……」と、ドキドキしながら相手に近づいてみる。その歩みがほんの少し緩まるのを捉え、手にしたティッシュを少しかざす。相手の視線がティッシュに向けられるのに合わせ、もう少し前に差し出してみる。相手の手がティッシュを捕まえるタイミングに合わせ、落とさないようにそれを手放すのだ。果たして、こうした芸当がロボットに務まるものなのか。

では、〈アイ・ボーンズ〉のティッシュ配りとはどのようなものなのか。人の動きに合わせて、いざティッシュを差し出そうにも、そのタイミングがなかなか合わない。ちょっと差し出しては、それを引き戻すことを繰り返すだけだ。その姿を遠くから眺めてみると、どこかモジモジしているようで、なんだかかわいいのだ。

そんな様子をしばらく見ていたのだろう、一人のおばあちゃんが近づいてきて、立ち止まってくれた。そしてティッシュを嬉しそうに受け取ってくれたのだ。ロボットにしてみれば、ティッシュを上手に手渡したというより、むしろ受け取ってもらったに近いだろう。おばあちゃんは嬉しそうに、「ありがと! おりこうさんだねぇ……」と言いながら、ロボットの頭を軽く撫でるようにしてその場を離れていく。ロボットもおばあちゃんの後ろ姿を見送るように、小さく会釈をするのだ。

このロボットも、「なかなか上手にティッシュを配れない」という〈弱さ〉を隠さずに開示することで、まわりの人の手助けを上手に引き出すことができた。一方のおばあちゃんも、「まんざら悪い気はしない」というふうに、どこか穏やかな表情をしている。

私たちは、人から助けてもらえたとき嬉しく思うけれども、誰かの手助けとなれたり、一緒に何かを成し遂げることができたときも嬉しく感じるという。他者の手助けになれる者として、その関わりのなかで自らも新たに価値づけられるのである。

手をつないで一緒に歩く〈マコのて〉

ティッシュを配ろうとする〈アイ・ボーンズ〉のところに立ち止まり、ティッシュをひとつ受け取り、軽くお礼をして立ち去る。そんなふうに人とロボットとのコミュニケーションの多くは、いわゆる「対峙しあう関係」を想定してきた。それでは「並ぶ関係」というのはどうか。人とロボットとが一緒に寄り添いながら散歩する。そこで疎通しあえるのなら、とてもおもしろそうだ。

「手をつないで歩くだけなら、その手はひとつでいいんじゃない？　一緒に歩くだけなら、二足歩行に拘らなくても……」というわけで、とてもシンプルな〈マコのて〉というロボットが生まれてきた。手をつないであげると、左右に小さく身体を揺らしながら、ヨタヨタと進みはじめる。ちょうど幼い子どもを連れて歩く感じだろうか。

こうした場面では、このモタモタとした足取りはとても大切なものだなぁと思う。「あれ、どうした？　どこに行きたいの？」と、ロボットに思わず寄り添い、自らの身体をそこに重ねてしまうのである。

一方で〈マコのて〉の方はどうだろう。どんなスピードで進めばいいのか。ぶつからないようにと気をくばりながら、経路を選ぶのだけれど、いったいどこに向えばいいものなのか。多くの選択肢を一つひとつ吟味するのは大変なことなのだ。そんなとき、「まぁ、とりあえずは、誰かと一緒に歩きはじめてみたら……」というアドバイスはありがたい。誰かと一緒に歩くという「制約」は、個々の行動選択における自由度を上手に減じてくれるのである。

この〈マコのて〉と手をつなぎながら一緒に歩くという感覚は、どのようなものだろう。手を握ると、軽く握り返してくれる。その手を引こうとすると、わずかに引き戻そうとする。それだけなのに、どこかつながりあった感じもしておもしろい。そのやりとりのなかで、〈マコのて〉の性格のようなものも伝わってくる。「ロボットに萌える！」というのもなんだかなぁと思うけれど、〈マコのて〉から頼られているというのも、まんざら悪い気はしない。「自分にもこんな優しいところがあるんだなぁ」と、穏やかな気持ちになれるのだ。

自動運転システムはどこに向うのか

「なかなかいい季節になってきたものだ」と、自動運転システムの操る車のシートに身を委ねて、新緑の街のなかを走る。そうした時代にそろそろ手が届きそうに思うけれども、まだまだハンドルを自動運転システムに預ける気にはなれない。この車は今どんなことを考えていて、次に何をしようとしているのかということが伝わってこない。そうした素性のわからない相手に、自分の大切な身体や命を預ける気になれないのだ。

よくよく考えるなら、目の前に迫り来る路面状況や新緑の街に対して、自動運転システムとドライバーとは「並ぶ関係」にある。その意味では、一緒に並んで散歩する〈マコのて〉とさして変わるところはないだろう。しかし、「あなたは自動運転システムなのだから、決して人の手を借りることなどを考えてはいけません！」とばかり、自らのなかで自己完結を目指そうとする。ドライバーは、その自動運転システムの独りよがりな行動にただ従うだけだ。

ユーザーに安心・安全を提供するものだから、その〈弱さ〉などは迂闊には見せられないということだろう。でも、自動運転システムにも、弱いところ、不得手とするところはたくさんあるはずだ。〈弱さ〉をアピールする自動運転システムというのではウケないにせよ、いつも強がるばかりでなく、〈マコのて〉のように、ときにはオドオドしてくれてもいい。適度に〈弱さ〉を開示してくれるなら、わたしたちの参加する余地が生まれる。「あっ、ここは自分で運転したほうがいいのかな……」と、その連携もスムーズなものになるだろう。せっかくのパートナーなのだから、お互いの〈弱さ〉を補いつつ、その〈強み〉を引き出しあう関係であっていいのだ。

ちょっとだけ降りた生き方を〈ゴミ箱ロボット〉に学ぶ

「あなたはロボットなのだから、人の手を借りてはいけません！」と叱咤されながら、必要以上に気を張ってきたところがある。「もっと俊敏に！　もっと正確に！」と頑張ってきたのだ。でも、いつも強がるばかりでなく、その弱さを積極的にさらけだしてみてはどうか。そんな発想から生まれた〈ゴミ箱ロボット〉は、ヨタヨタしながら、ときどき「もこもん！」とつぶやく。そ

弱いロボットたち。左から、〈アイ・ボーンズ〉、〈マコのて〉、〈ゴミ箱ロボット〉。

の「拾おうとしても拾えない、どうしよう……」という、どこか覚束ない振る舞いに対して、わたしたちは自らの身体を重ねながら、その思いを汲もうとしてしまう。そうして思わず手助けしてしまうのだ。

自らの不完全さをまわりに支えてもらおうとする、これらの〈弱いロボット〉たちの健気な振る舞いになぜか親近感を覚える。わたしたちもまた、「じぶんで、じぶんで！」と言いつつ、まわりに支えられてきたことを、自らの身体が知っているためだろう。このような〈弱いロボット〉たちの姿を見ていると、自らの能力に拘ったり、その〈強さ〉をアピールするだけでなく、もっと周囲に委ねた、ちょっとだけ降りた生き方もいいなぁと思えてくるのだ。

関連文献

『〈弱いロボット〉の思考　わたし・身体・コミュニケーション』岡田美智男、講談社現代新書、2017年
『弱いロボット』岡田美智男、シリーズ ケアをひらく、医学書院、2012年

2.1.3

Technology

「生きるための欲求」を引き出すデジタルファブリケーション

田中浩也
（構成：編集部）

「デジタルファブリケーション」とは、データから直接ものを製造する技術の総称です。昨今、たいていの工業製品はＣＡＤなどのツールでつくられたデジタルデータから生まれていますが、データとプロダクトの間には金型などの工程を経由しています。一方で、マテリアルを積層することで造形物を製造する３Ｄプリンタや、データをそのまま切り出すレーザーカッター、デジタルミシンなどは、データを直接マテリアルに作用させ、フィジカルな物体にすることができます。

デジタルファブリケーション機材は、２０１０年頃を機に劇的に小型化・卓上化しました。それを受けて、「ファブラボ」というデジタル工作機器を備えた市民工房の立ち上げを先導したり、自分の研究室にデジタルファブリケーションが可能な設備を導入してきました。そのなかで、特に３Ｄプリンタは、ゴミが少なく、騒音も出ず、事故が起きる可能性も低く、安全なため、誰にでもアクセスしやすいというメリットがあるとわかりました。パソコンと同じように一人一台の3Dプリンタが用意できれば、自分が欲しいものを自分がつくる、つまり、パーソナルなものづくりの可能性が拡がるのです。

形も硬さも自由自在

デジタルデータでものづくりができることによる利点は、1つからサイズや形を自由に調整して個別のプロダクトをつくれることです。靴のインソールのような身体にフィットさせる必要のあるプロダクトでは、すでに実用化が進んでいます。

また3Dプリンタは、マテリアルを積層していくことで造形物を製作するため、内部構造まで設計が可能です。これをうまく扱えると、構造パターンを変えることでさまざまな硬さ・柔らかさをもった物体をつくることが可能になります。硬さ・柔らかさのバリエーションは、過去の製造工程では素材自体を変えることで実現されていました。しかし3Dプリンタであれば、同じ素材でも構造を変えるだけで、違う硬さ・柔らかさをもったプロダクトを自在に生成できます。

自然には無かった新たな物性を備えた物体は「メタマテリアル」とも呼ばれ、これまで誰も経験したことのないような不思議な触感を生み出します。さらに、構造で硬さ・柔らかさをコント

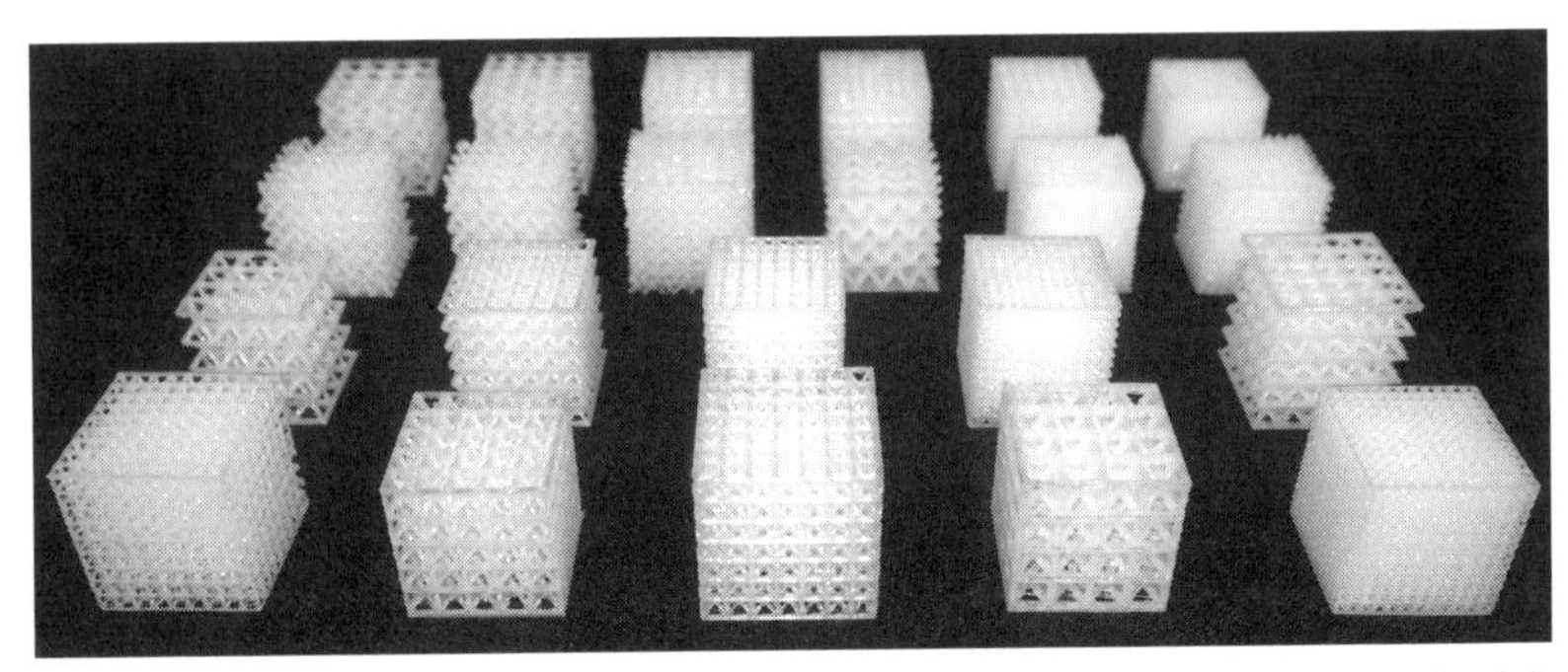

3Dプリンタでさまざまな硬さ・柔らかさを再現することができる（製作：慶應義塾大学 田中浩也研究室 櫻井智子）。肉や豆腐、スポンジなど既存のマテリアルと対応付けた「やわらかメトリック」も開発中

ロールできるということは、環境面でも大きなアドバンテージがあります。たとえば、部分によって硬さの異なるものをつくるために、従来は複数の素材を接着してつくる必要がありました。これが3Dプリンタであれば、構造によって場所場所の硬さを変えられるため、一種類の素材だけで製造することが可能になるわけです。そうすれば、廃棄する際の分別が不要になり、リサイクル性も非常に高くなります。

「欲しいもの」を更新する

大量生産ではなく、1個からものづくりが可能なデジタルファブリケーションでは、多様な人々が欲しいものをつくれるようになります。たとえば、義手や義足といった装具（ハーネス）の制作で3Dプリンタは活躍します。装具を使うユーザーの状況は、その欠損によってさまざまなため、形やサイズ、フィット感や柔らかさの微妙な調整が、デジタルデータ上で可能になるのです。さらに、それは単純に「欲しいものをつくる」以上の可能性を秘めています。

研究室で、右肩が欠損している女性やそのピアサポーターの方々と一緒に「義肩」をつくったことがあります。その方はもともと一般的に販売されている義肩を利用していたのですが、服を着たときの左右のバランスが気になっていたため、見た目が不自然にならないような装具を欲しがっていました。ただ、それを３Ｄプリンタである程度つくることができ、はじめの欲求が満たされたあとも、「こんなこともできませんか？」というリクエストが続きました。

３Ｄプリンタによってトライ&エラーが短期間に実現されることが理解されてくると、ユーザーの「新しい欲求」を引き出すことがあります。先述の女性とのやり取りでは、リクエストに答え続けていった結果、最終的には装具にリュックを固定できる穴を付けることになりました。もともと欠損した人体の機能を補完するための代替だった義肩から、付加価値が付与された新たな道具へと展開していったのです。これは、３Ｄプリンタで「欲求を更新」し続けたからこそ生まれたプロダクトだと思います。

喚起される、抑圧された欲求

ここで3Dプリンタが引き出した欲求とは、いったい何なのでしょうか。それは、大量生産が前提となっている社会によって、いつの間にか抑圧されて眠っていた欲求なのかもしれません。

研究室では、中学生の女子のリクエストを受けて、ヒールのついた靴を履くことができる義足をつくったこともあります。実は義足の方は自由に靴を選べません。普通の義足は安定性を重視するため足首に角度が付けられず、たとえば高いヒールの靴を履くことができないのです。私たちがそれを3Dプリンタでつくる様子がテレビで報道された翌日から、研究室に「こんな義足をつくってほしい」という問い合わせが殺到しました。「サーフボードと一体化した義足が欲しい」「義足で雪駄を履きたい」……。すべて、デジタルファブリケーションが喚起した新しい欲求です。

日本がすでに迎えつつある超高齢化社会において、個人それぞれの欲求を実現することはとても重要になると思います。超高齢化社会では、多くの人が、なにかしら個の身体的な問題とともに生きていくことになります。しかしそこで、その問題を解決するために「平均値」に戻していこうとするのではなく、むしろその問題を抱えているからこその、別の「ありえる」身体性を、道具と一緒に獲得していく方向に向かうこともできるのです。

メディウム／メディアとしてのファブ

学生時代に河合隼雄先生のもとで箱庭療法を学んだときにわかったのは、「人間の心の中は外に出してみないとわからない。でも、何もない状況でそれを出すことは難しいので、ある程度準備された媒体、つまりメディウム／メディアのようなものが必要だ」ということでした。人間が制約と自由の両方のなかで手を入れることのできる箱庭というメディウムがなければ、人間の心を外に取り出して自分自身でそれをよく見つめることは難しいのです。

デジタルファブリケーションは、うまく使えば、箱庭と同じように治療のためのメディウムとして機能すると思います。そして、データをコミュニティでシェアすることで、他者を含んだ社会的なものとなり、複数形のメディアにもなり、さらなる広がりを生んでいきます。もともと日本でのデジタルファブリケーションの始まりは、アメリカで起こったメイカームーブメントでした。そのベースにあるのはアメリカのＤＩＹカルチャーであり、個人の自立、パーソナルであることの尊さが強調されていましたが、「関係性指向」の日本の風土にはそぐわないところもあったように感じています。だからこそ、日本ならではのデジタルファブリケーションとは何なのか、そういう問いを以前から持っていました。「メディウム／メディアとしてのデジタルファブリケーション」という考え方は、その問いに対するひとつの答えになりうると思います。つまり、単に便利な道具をつくる機械としてだけではなく、心の奥の欲求を引き出してくる画材のように捉えるのです。

ファブ×ウェルビーイングの可能性

いま、日本でもっとも3Dプリンタの豊かな展開が進んでいる現場のひとつは、作業療法の分野です。ファブラボ品川が日本の中心となり、ひとりひとりの「心」と「行為」にフィットする個別の道具づくりが進んでいます。作業療法の「作業」とは、英語の「Occupation」の訳で、「何かに夢中になって心が占められる」状態を指します。一人ひとりが、何かに無心になって没頭し、何かを達成しようと身体を動かすことを通じて、「治療」される。そんな作業に没頭できる身体となるために、必要な補助道具を3Dプリンタでつくる。その道具を3Dプリンタでつくることもまた、「作業」です。こうした考え方は、今の時代に生きるすべての人の助けになるのではないでしょうか。

「作業」といえば、私はいま、土を出力する3Dプリンタを開発しています。私が学生時代に、心の病を支えてくれた箱庭療法は、砂の敷き詰められた箱の中に物体を配置したり、また砂自体を使いながら行う心理療法でした。他方、3Dプリンタは「物体」を造形するための「箱型の装

千葉市で活動している「METACITY（青木竜太氏）」プロジェクトの一環として設計中の3Dプリント公園案
（慶應義塾大学　田中浩也研究室　名倉泰生、青山新、河井萌、知念司泰、松木南々花）

置」なのですが、物体を置く舞台となる「砂」に相当する部分が欠落しています。もし3Dプリンタから土や砂など、物体を置く「舞台」に相当する部分が出力できれば、新しい箱庭療法が実現していくような気がするのです。

研究室でいま開発している3Dプリンタでは、植物の種を埋め込んだ土を積層しながら形を造形し、そこに水をやれば芽が出てきます。土が足りなければ、また3Dプリンタで足すこともできます。土に卵の殻を混ぜたり、わらを混ぜたり、あるいは菌糸を混ぜて、生物の力で土を固めることもあります。これらを、小さく3Dプリントすれば個人の心の鏡＝「箱庭」ができますが、大きく3Dプリントすれば、みんなで遊ぶ本物の「庭」ができてしまいます。

「ファブ」というのは、デジタルな社会のなかにあっても、デジタルであること自体を否定せず活用し、ただしデジタルなだけでは欠落してしまう側面は、自分の気に入ったマテリアルで「もの」をつくることで充分に補完する。そして、「わたし」と「世界」の関係性を更新しながら、世界をより愛着あるものへと、自ら自身がとらえなおしていくための、小さくて大きな可能性だと思うのです。

慶應義塾大学で開発中の、「庭」プリンタ“ArchiFAB NIWA”。世界最大サイズの3Dプリンタのひとつで、最大30メートルの規模のものが造形できる。さまざまな場所に移動して設置することも可能で、多様な土を用いることができる

2.1.4

Technology

ＩｏＴと Ｆａｂと福祉

小林 茂

「ＩｏＴとＦａｂと福祉」は、奈良市の市民団体「一般財団法人たんぽぽの家」が主宰して２０１７年に始まった、障害福祉と技術（特にＩｏＴとＦａｂ）の可能性を探ろうとする実験的な取り組みである。障害のある人の個性を生かした仕事と、はたらきやすく心地よい環境をつくることを目的として、山口県、福岡県、岐阜県、奈良県を舞台に始まり、２年目より７つの地域に拡大、現在3年目を迎えている。この活動の特徴は、各地域の福祉施設と、ＩｏＴやＦａｂに関わるエンジニア、デザイナー、クリエイターをつないだ協働プロジェクトとなっていることである。私自身は、岐阜県の活動においてＩｏＴやＦａｂに関する知見を提供する立場として参加するとともに、シンポジウムでの基調講演などを担当してきた。このテキストは、２０１９年3月16日に開催されたフォーラム「ＩｏＴとＦａｂと福祉」における基調講演「ＩｏＴとＦａｂがめざしたい世界観」を発展させたものである。

福祉の文脈に浸透してきたFab

「IoT」と「Fab」と「福祉」という組み合せについて、意外に思う方は少なくないだろう。しかしながら、実はFabについてはかなり浸透してきている。この取り組みでは、Fabを「何かをつくり上げることの総称」と広く定義している。そのためのツールとして活躍するのが、2Dや3Dのデータを基に加工する、3Dプリンタやレーザー加工機などのデジタル工作機械である。デジタル工作機械を用いることにより、1個から製造が可能となり、金型を用いた樹脂の射出成形など、大量生産に最適化された従来の製造方法では大幅な追加コストが発生するために諦めざるを得なかった、多様性、複雑さ、柔軟性を実現できる。

この特長に着目し、Fabについては既に成功事例と呼べる事例が出てきている。たとえば、奈良県香芝市の障害者支援施設「Good Job! センター香芝」のプロダクト「Good Dog」は、3Dプリンタで張り子の型をつくり、手仕事で張り子と着色を行うものである。2016年に発売されて以降、Good Job! センター以外の複数の福祉施設とも連携して製造する手法を確立し、同様の手法で製造されたプロダクトが2018年〜2020年に無印良品の「福缶」に収録されるなど、次々と展開を続けている。また、長崎県佐世保市の福祉施設「フォーオールプロダクト」が運営する施設では、利用者による図柄をデジタルプリントした布をミシンで縫製することにより、さまざまな製品および仕事を生み出している。さらに、東京都品川区のファブ施設「ファブラボ品川」では、作業療法士が３Ｄプリンタを用いて自助具をつくるためのワークショップを毎月開催しているほか、３Ｄプリンタで製造したものをハンドメイド作品のオンラインマーケット「minne」で販売するなど、積極的に展開している。このほか、ＩＫＥＡイスラエルは、同国の障害者支援組織Milbat NGOおよびAccess Israelと連携し、多様なニーズに応じてＩＫＥＡの家具を使いやすくカスタマイズできるアドオンの３Ｄプリント用データを提供するプロジェクト「ThisAbles」を実施している。

「グッドドッグ ミニ はりこ」／Good Job!センター香芝

このように、福祉という文脈においてFabについては既に多くの成功事例があるのに対し、IoTについてはまだほとんどない。

そもそもIoTとは何か

今から約20年前の1999年、P&GのアシスタントブランドマネージャだったKevin Ashton（後にMITのAuto-ID Centerを創立）は、自社のサプライチェーン管理にRFIDを活用することに興味を持ち、あらゆる物にタグをつけて管理するという考え方をInternet of Things（IoT）という言葉と共に示した。AshtonがIoTと呼んだ考え方の起源は1980年代に提唱されたスマートデバイスのネットワークで、1990年代にさまざまな実験が行われ、2000年代に現実のものとなっていった。ネットワークのインフラで使用される機器の主要メーカー、シスコシステムズは、2011年に発行したホワイトペーパーにおいてIoTをテーマとして扱い、2010年の時点でインターネットに接続する人の数よりもデバイスの数の方が上回ったと報告している。

2010年代に入り、IoTはこれからの産業を考えるうえで欠かせない要素だと位置づけられるようになった。2012年に、ボッシュ社とドイツ工学アカデミーのエンジニアたちは、

「Industrie 4.0」と呼ぶ計画をドイツ連邦政府に提示し、IoTの導入によるスマートな工場が第四次産業革命の現れだと主張した。ここで重視されているのは、非常に柔軟な（大量）生産の条件下における製品の強力なカスタマイズで、マシン、デバイス、センサー、人々が互いに接続して通信する能力である。さらに、ドイツが国家主導型で推進するIndustrie 4.0に呼応して、AT＆T、Cisco、General Electric、IBM、Intelといった米国企業は2014年にIndustrial Internet Consortiumを設立した。このコンソーシアムの目標は、資産と業務をより簡単に結び付けて最適化し、すべての産業部門で敏捷性を高めることで、エネルギー、ヘルスケア、製造、鉱業、小売、スマートシティ、運輸などの産業を対象としている。

このように、IoTの世界観は当初物流だけを対象にしていたところから、さまざまな人々によって徐々に拡張されてきた。こうした変遷を踏まえ、このプロジェクトの文脈において私は「物事(things)をインターネットのようにつないで価値を創出する」とIoTを定義している。

IoT導入に関する真のハードルはどこにあるのか

今回のプロジェクトを通じて福祉の現場に関わる人々を継続的に観察してきたなかで、現場にIoTを導入するにあたっては、技術的、金銭的、文化的といった複数のハードルがあると感じている。最初の2つ、技術的なハードルと金銭的なハードルに関しては、ここ数年で大きく解消した。たとえば、ソニーのIoTツールキット「MESH」を用いれば、1個数千円の小さなブロックをさまざまな物にタグのように取り付けることにより、物と物、物とインターネットをつなげることができる。これにより、自分の手で確かめながらアイデアを素早く発展させ、うまくいくものが出てきたらそのまま継続的に運用できる。また、IoTデバイスを安全かつ安価にネットワークに接続できるプラットフォーム「SORACOM」を活用すれば、単にデータを記録するだけでなく、視覚化して確認するところまでを非常に簡単かつ安価に実現できる。さらに、AIを実現するための技術である機械学習に関しても、従来であれば機械学習エンジニアやデータサイエンティストといった専門家が必要だったような画像識別について、最近ではウェブサービス上で簡単に学習させ、目的に特化したモデルをつくり、実行できるようになりつつある（GoogleのCloud AutoML Visionなど）。しかしながら、最後の文化的なハードルは厄介である。

現場の課題に対して、それを解決できる技術があり、技術的および金銭的なハードルが十分に低いのであれば、その技術を導入しようというのは合理的な判断である。たとえば、ある施設において利用者の行動を把握するのに運営者が多くの時間を費やしているのであれば、無線タグを用いて追跡することで、その時間を有効に活用してサービスの質を向上させられるだけでなく、継続的に取得したデータを用いて分析することも可能になり、ウェルビーイングの実現につながるはずである。しかしながら、このＩｏＴとＦａｂと福祉というプロジェクトを通じて継続的にいくつかの現場を観察するなかで私は、「自分たちの効率化よりも利用者の課題解決が優先である」「見守りはしたいが監視は嫌だ」という非常に強いマインドセットがあるという洞察を得た。このマインドセットはなかなかに厄介であり、簡単には乗り越えられそうにない。まだこれだといえる成功事例はないが、可能性を見出しているのが、「ＩｏＴを使って〜する」から「ＩｏＴをつくって〜する」という態度へのシフトである。

単に使うのでなく、つくる

よく用いられる表現に、「ＩｏＴを使って〜する」がある。この場合には、あたかもＩｏＴという確立した技術があるので使えばよい、あるいは、使うことしかできないブラックボックスであるかのような印象を持ってしまう。しかしながら実際のＩｏＴとは、コンビニや家電量販店にパッケージ化されたものが販売されているのでなく、目的に応じてさまざまな技術を組み合わせて構築していくものである。パッケージ化できるのは、解くのが容易な問題のみである。たとえば工場においては稼働率という指標が確立されており、機械にセンサーを取り付けて稼働時間を計測して効率を可視化し、最適化すればよいとされているため、多くの企業からさまざまなパッケージが販売されている。一方で、指標が確立していない福祉の現場における問題は、何にどのように取り組むかから考える必要があり簡単には解けない厄介なものである。第一歩となるのは、IoTを構成する技術要素であるセンサー、アクチュエータ、無線通信、データ処理といったものが何であるかを、福祉の現場に関わる人々に実際に手を動かしながら体験してもらい、それによってそうした人々のなかにIoTという概念モデルを構築してもらうことではないだろうか。いったんモデルが構築されてしまえば、次々と自発的にアイデアが生まれ、先述したような強固なマインドセットによる拒絶を招くことなく実現に結びつくことが期待できる。ここで参考となるのが、「サービス・ドミナント・ロジック」という考え方である。

サービス・ドミナント・ロジックは、2004年にマーケティング研究者のStephen L. VargoとRobert F. Luschが提唱した考え方である。VargoとLuschは、物が経済活動の基本単位となっていた20世紀における「グッズ・ドミナント・ロジック」から、21世紀においてはすべての経済活動をサービスとしてとらえるサービス・ドミナント・ロジックへの転換が必要だと主張した。グッズ・ドミナント・ロジックにおける価値創造のプロセスは、企業が製品やサービスに、その属性の強化や向上によって価値を組み込むことである。このため、企業が一方的に価値を生産し、分配し、顧客は企業によって生みだされた価値を使い切り、破壊するという一方通行の関係になる。これに対してサービス・ドミナント・ロジックにおいては、価値創造のプロセスは企業が市場への提供物を通じて価値を提案し、顧客がその使用を通じて価値創造プロセスを受け継ぐことである。このため、企業は価値を提案、サービスを提供し、顧客は企業から提供されたリソースと他の私的／公的リソースを統合して価値を共創することとなる。このモデルを福祉の現場におけるＩｏＴに当てはめてみると、「企業が用意したパッケージを、顧客＝福祉の現場に関わる人々が利用する」というモデルから、「企業が提供するセンサー、アクチュエータ、データ処理の基盤などを活用して、顧客＝福祉の現場に関わる人々が価値を創出する」というモデルへの転換として読むことができる。

２０１７年9月、「ＩｏＴとＦａｂと福祉」の岐阜県における取り組みのひとつとして、福祉の現場に関わる人々を対象に、MESHを体験したうえで現場の課題への適用を考えるワークショップを開催したことがある。実際に、１時間という限られた時間のなかで参加者からは数多くのアイデアが出てきた。残念ながらこの時は実装に進めるところまでには至らなかったが、その後データを蓄積して可視化できるサービスは着実に充実している。このため現時点で実施すれば、実際に稼働するものを現場の人々とともに短時間で構築することは十分に可能であると思われる。

これまで述べてきたように、福祉という文脈においてＦａｂは既に有効な活用方法が探索され、ウェルビーイングの実現に繋がる成功事例と呼べるような事例が次々と生まれてきている。一方で、ＩｏＴにおいてはまだそこまでには至っていないが、導入に関しての障壁がどこにあり、どのように乗り越えればよいかについては明らかになりつつある。今後もこうした活動を続けることにより、福祉という先端領域からさらに拡大し、ウェルビーイングという文脈における新たなモデルを示していきたい。

関連文献

一般財団法人たんぽぽの家『IoTとFabと福祉 PROJECT BOOK 2017-2018』一般財団法人たんぽぽの家（2018年）

一般財団法人たんぽぽの家「IoTとFabと福祉」https://iot-fab-fukushi.goodjobcenter.com/（2020年2月9日アクセス）

『MAKERS―21世紀の産業革命が始まる』クリス・アンダーソン、関美和 訳、NHK出版、2012年

『サービスデザインの教科書―共創するビジネスのつくりかた』武山政直、NTT出版、2018年

2.2

Connection

つながりとウェルビーイング

「わたしたち」のウェルビーイングを考えるうえで、つながりとはその核心であり、また、捉えどころのないものでもある。対等な立場の人同士がコミュニケーションを行うだけでなく、能力に差異があるつながり、たとえば、介護を行う側と行われる側、子どもと大人、さまざまな「つながり方」がある。本節では、誰もがいつでも、素早くつながることができる現代だからこそ、「わたしたち」をすりあわせながら再接続していくことの価値を明らかにしてくれるだろう。そして、能力や選択肢も「わたしたち」のあいだにあるものであり、そこでは個々人の失敗の可能性やそこに挑む権利(＝自律性)を奪われることのない、安心できる予備的なつながり方が求められている。

2.2.1

Connection

予防から予備へ：「パーソンセンタード」な冒険のために

伊藤亜紗

ウェルビーイングの捉え方のひとつに、「能力」との関係で定義しようとするものがある。たとえばミハイ・チクセントミハイは、人々が強い喜びの中で活動に没頭する「フロー」の状態に注目し、それは「心的エネルギー——つまり注意——が、現実の目標に向けられている時や、能力(Skill)が挑戦目標(Opportunities for Action)と適合しているときに生じる」と論じた[*1]。岩壁をよじ登る登山家、海峡を横断しようとする長距離泳者、試合の最中にあるチェスプレイヤー……要するに、重要なのは「挑戦」である。自分の能力に見合った目標が設定され、それを達成しようとして全人格を集中させているとき。そのようなときに、人は幸福を感じると言うのだ。

＊1　『フロー体験　喜びの現象学』8頁、ミハイ・チクセントミハイ著、今村浩明 訳、世界思想社、1996年

挑戦は、言うまでもなく失敗の可能性を前提にしている。もちろん、フローのただ中にある本人は、自分が失敗するかもしれないなどということは考えないだろう。困難な状況を「統制しているという現実」ではなく「統制できるはずだという感覚」こそが、フローを生み出すからだ[*2]。とはいえ、低すぎる目標に対して人は没頭できない。客観的に見て失敗する可能性を含んだ状況こそが、その人の潜在的な能力を引き出し、フローをもたらしうるのだ。

だが、この「客観的に見て失敗する可能性がある」という判断と、「きっとできるはずだ」という本人の主観的な感覚は、必ずしも常にうまく棲み分けられているとは限らない。私はこれまで、さまざまな障害の当事者と関わり、インタビューを行ってきた。そこでしばしば目にしてきたのは、彼らが挑戦する機会を奪われる姿だった。

「危ないからやめたほうがいい」。「きっと失敗するからやってあげよう」。そんな周囲のパターナリスティックな関わり――もちろん周囲は善意のつもりで介入しているのだが――が、障害の当事者をますます無力にしていく。彼らはいとも簡単に「失敗する権利」を奪われてしまうのだ。何かに挑戦しようとすると、先回りしてリスクの芽が摘まれてしまう。それはつまり、幸福を享受するチャンスの少なくとも一部を剥奪されるということに他ならない。

この問題にアプローチするための第一歩は、能力を定義しなおすことではないかと私は思う。従来、能力は個人に属するものだと考えられてきた。しかしそのような定義に固執する限り、私たちは「能力主義（Ableism）」の呪縛にとらわれ、硬直したものさしで人の優劣を判断する視点から逃れることができない。そして、「できないこと」や「でき方が違うこと」の持つ意味や価値を見落とし続けるだろう。

本書では、必ずしも「個」を出発点としないウェルビーイングのあり方が模索されている。それを実装するためには、能力に関しても、個に帰属させるのとは異なる視点が必要ではないだろうか。以下では、認知症に関する事例をとりあげながら、そこに働いている能力がどのようなものなのか、具体的に考察していく。

先回りされないための工夫

丹野智文さんは、若年性アルツハイマー型認知症の当事者だ。宮城の大手自動車販売店に勤務し、トップセールスマンとしてバリバリ働いていたが、三十代の終わりに診断を受けた。丹野さんは「毎日が失敗だらけ」と笑いながら言う。「だって会社に行ってもさ、自分の上司が誰だかわからないんだよ」[*3]。

*2 前掲書、76頁。

でも診断を受けた当初は、そんなふうに自由には失敗できなかったと言う。駅で降りたもののどこにいるかわからなくなり、パニックを起こして泣いてしまったこともあった。

そんな状態から、丹野さんの認知症との付き合い方の模索が始まる。その模索とは、何よりも「失敗できる環境づくり」だった。その出発点は、「まず自分から言う」。できることとできないことを、あらかじめ周囲に伝えておくのだ。伝えておけば、まわりから「この人は失敗する可能性があるからやめさせよう」という先回りの判断を下されずに済む。丹野さんは言う。「自分から言っていくこと。まわりが勝手に決めつけるから、できることとできないことを自分から言っていくことが一番の環境づくりだよね」。

そもそも、一口に認知症といっても、その原因も、症状の出方も、人によってさまざまに異なる。だからこそ、自分の特性を共有しておくことが、要らぬ周囲の介入を防ぐためには肝要である。

丹野さんの主な症状の特徴は、顔がわからなくなることと、物忘れがあること、文字が認識できないときがあること。認知症当事者で訴える人が多い空間認知機能については今のところ問題がない。

このうち顔がわからなくなる症状は、人間関係にダイレクトに影響する可能性があるので重大だ。上司がわからなくなるのもそれが原因だし、一度会った人の顔も忘れてしまう。表情はわかる。でも丹野さんいわく、「顔がずれる」のだそうだ。友達のライブに行っても、顔が途中でずれて変わったように感じる。食事をしていても、相手がコートを着ただけで別人のように思える。五、六人で歩いている時ははぐれたらわからなくなるのではないかと不安だし、逆に街中で歩いている人が知人に思えて声をかけてしまったことが何度もあると言う。

でも丹野さんは、そのことで人間関係を傷つけたことは一度もない。なぜなら、そう、自分は忘れる可能性がある、ということを周囲に伝えているからだ。「初めて会ったときも、『ごめんね伊藤さん、次に会ったときは忘れているからね。声かけてね』って。そう言っておけば、どこかで会ったときに『このあいだ取材した伊藤です』『ああ、そうなんだ』ってまたふつうになるでしょ」。

能力のネットワーク化

丹野さんの「失敗できる環境づくり」のポイントは2つある。言うまでもなく、1つめは周囲に対して「できることを伝える」こと。2つめは「できないことを伝える」ことだ。

＊3　丹野さんの言葉は、筆者によるインタビューから引用しています。全文は以下で読むことができます。
http://asaito.com/research/2019/04/post_56.php

このうち「できることを伝える」は、冒頭で述べた「挑戦」につながる。丹野さんは、認知症の人が怒りっぽいように見えるのは、本人はできるつもりでやっているのに周囲が待ってくれず、自立を奪われているからではないか、と言う。

たとえば、丹野さんがある認知症の家族の会に行くと、家族が当事者のお弁当を持って来てあげて、ふたを開けてあげて、箸を割ってあげて、「はい、食べなさい」と言うのが当たり前であったという。家族は優しさのつもりでやっている。けれど、それが本人の前向きな気持ちをくじく結果になっている。「助けてって言ってないのに助ける人が多いから、イライラするんじゃないかな」。

当事者の苛立ちは、彼らがウェルビーイングとは対極の状態にあることの証拠に他ならない。丹野さんは言う。「みんな心配しすぎて、失敗しないようにしてるんだよね。そうすると成功体験がない。成功体験がないから、またやろうという気にならない。それなのに、今の日本の支援は『失敗させないようにどうするか』なんですよね。失敗して何がダメなんだろうっておれ思ってて ね。ふつうの人でも失敗するのに、何で障害者は失敗しちゃだめなのかなって」。

けれども「能力の再定義」という観点からすると、よりラディカルなのは2つめのポイントだ。すなわち、「できないことを伝える」。なぜならこれは、周囲の人の適切な介入を引き出すことになるからだ。結果的に立ち上がるのは、個人ではなく、人と人のネットワークの中で実現する「できる」のあり方である。

たとえば、丹野さんにとって覚えていることが難しい「顔」。「次に会ったときは忘れているから」とあらかじめ言っておくことで、相手の「次に会ったとき」の出方を引き出すことができる。丹野さん自身が忘れてしまっても、周囲が丹野さんのことを覚えていれば、そして丹野さんは忘れるかもしれないということがわかっていれば、人間関係にヒビが入ることはない。

丹野さんは言う。「思い出さなくてよくない？　それなのに何で思い出さなくちゃいけないのかな」。何とも大胆な提案である。認知症というと、「思い出す」能力の低下だと思われがちだ。しかしそもそも私たちが生きていくうえで、少なくとも個人の能力という意味での「思い出す」は、必要不可欠のものではないのではないか。むしろ、なくてもよい能力なのではないか。そう丹野さんは言うのだ。

言われてみれば確かにそうである。関係者全員が覚えていなければならない情報や出来事なんて、実際には限られている。一部の人が記憶にとどめていさえすれば、必要なときに、その人の知識をみんなで共有すればよいのだから。手帳にメモしておけば済むことだってある。「私が覚えている」ではなく、「みんなで覚えている」でよいのだ。

別の言い方をすれば、忘れることが「困ったこと」と判断されるのは、その背後に「誰でも(努力すれば)記憶できるはずだ」という強固な価値観があるからだ。「記憶できるはず」「覚えていて当たり前」。そんなスタンダードがあるから、「相手の顔と名前を忘れるのは失礼」なのだし「昼ごはんに食べたものを忘れるのはおかしい」ことになる。

丹野さんの「ぼくは覚えていられない」という宣言がもたらすのは、まさにこの「覚えていて当たり前」というという価値観に対するゆさぶりである。健常者の視点で作られた社会のルールや常識をいったん離れ、ここではちょっと別のルールや常識で動いてみてはどうだろう。丹野さんの宣言は、単なる丹野さんの「できなさ」に関する情報の共有ではない。それは周囲の人々に、視点をスイッチすることを促しているのだ。丹野さんは言う。「なんかみんな覚えてなくちゃいけないという前提があるからおかしくなってるんだと思うんですよ。もうこの人は忘れるんだという前提でつきあってくれれば問題ないと思うんだよね。前の日のことも、忘れちゃったでよくて、そこからまたやればいい。発想の転換だけなんですよ」。

丹野さんがここでいう「発想の転換」とは、言うまでもなく「私が覚えている」から「みんなで覚えている」への転換だ。丹野さんが積極的に「穴」になる。この穴が、そこに向かって周囲の人の関わりが呼び込まれる場となり、ネットワークの中で記憶を実現しようとする価値観のスイッチが生まれるのである。

そもそも人が発揮する能力なんて、誰と一緒に仕事をするかによって大きく変わるものだ。引き出してくれる人がいなければ、潜在的な能力も目覚めることがない。それを個人の所有物のように扱うことの方にこそ無理があると考えるべきだろう。そのことを丹野さんは思い出させてくれる。

予防から予備へ

個人に帰属されるものとしての能力から、ネットワークの中で実現される能力へ。それが失敗できる環境づくりの、すなわちウェルビーイングの肝である。

丹野さんの場合、作られる環境はあくまで限られた人間関係の範囲内であった。一方、これをまちレベルで実装した事例がある。大牟田市の認知症ＳＯＳネットワーク模擬訓練だ。

認知症ＳＯＳネットワーク模擬訓練は、２００４年から大牟田市で始まった取り組みで、現在では全国に広まっている。具体的には、認知症の方が行方不明になったという想定のもと、行政や地域住民などが協力して当該者を発見、保護する訓練を行うものだ。子供から高齢者までさまざまな世代の地域住民が参加しており、単なる訓練にとどまらず、見守ろうという意識、セーフティーネットの構築に役立っているという[*4]。

この取り組みが素晴らしいのは、丹野さんの例と同様、それが認知症の当事者にとって「失敗できる環境づくり」につながっている点だ。活動に中心的に関わっているグループホーム「ふぁみりえ」ホーム長の大谷るみ子さんは、「パーソンセンタード」という言葉にこだわる。「『本人が中心の』という意味ですが、もっと広く考えると『ひとり一人が幸せに暮らす』となるかと思います。私たちはケアの分野で、この考え方をとても大切にしています。認知症の方に接するときは症状などではなく、人にフォーカスするということです。そして、社会の中でお互いに認め合い、助け合うことも重視しています」*5。

ここにあるのは、「どうせ失敗するのだから」と先回りして周囲が判断するのではなく、当時者の「きっとできるはずだ」という感覚に寄り添うことで、彼らの挑戦につなげ、幸福感を高めようとする姿勢である。客観的に見れば「困ったこと」でも、本人にとっては意味があることもある。認知症の方が学校の花を摘むのは「仏壇にあげるため」かもしれないし、街を歩き回るのは「冒険」なのかもしれない。重要なのは、そうした本人にとっての意味を尊重しつつ、しかし決定的な事故につながらないようなネットワークをあらかじめ構築して備えておくことだ。つまり、「予備」の発想である。

予備は、予防とは異なる。「予防」は、ネガティブな出来事（失敗）が起こることを未然に防ぐことである。これに対し「予備」は、ネガティブな出来事（失敗）が起こることを許す。起こってもいい、ただし決定的な失敗にならないようにする。その安心感があれば、誰もが安心して失敗できる。失敗できる環境とは予防ではなく予備のある環境であり、ここに社会としてのウェルビーイングを高める手がかりがあるのではないか。

＊4　NTT研究所『ふるえ』23号、2019年7月号 http://furue.ilab.ntt.co.jp/book/201906/contents1.html
＊5　前掲

2.2.2

Connection

「沈黙」と「すり合わせ」の可能性

木村大治

（聞き手：ドミニク・チェン、矢代真也―構成：編集部）

つながりを「切る」技術

私がフィールドワークを行っているコンゴ民主共和国のボンガンドという民族では、「ボナンゴ」と呼ばれる形式のコミュニケーションが行われています。これは大きな声で相手を特定せずに話すという、彼らに特有の投擲（とうてき）的とも言える行為です。「村の男が森で迷って帰ってこない」「明日みんなで橋を修理しよう」といった情報が伝達されることもあるものの、「暑くてたまらない」「腹が減った」など伝達する必要がなさそうな内容を、聞き手が特定されない状態で大声で叫んだりするわけです。日本人の感覚では、そこに居合わせるとどうしても無視することは難しい。一方現地の人たちは、それを平気な顔で聞き流しているのです。

昨今、インターネットのおかげでLINEやTwitter、YouTubeなど、さまざまなつながり方でコミュニケーションが可能になりました。また日本で「異文化との共生」について考える場合も、「つながる」ということは良いこととして考えられることが多い。ただ、どんどんつながろうとしていった結果、そのつながりに疲れるということが起きています。そんなときに、ボナンゴのようなコミュニケーションから学べることは、つながりを「切る」ことができる、という可能性だと思っています。

たとえば、過去に記録したボナンゴで、老人の男性が「他人のヤギが盗まれたという話を聞いた」という事実を延々と語っていました。ただ、その発話によって、その話題が村の中でさかんに話されることはありません。そのような発話を耳にしても反応しないということが、ボンガンドのなかでは普通なのです。

もともとTwitterのようなSNSは、何でも自由に投稿できるけれど、いい意味であまり反応がない、言いっぱなしの場所でした。しかし、昨今は誰かの投稿に対して過剰に反応する「炎上」がしばしば起きています。あるいは、ヘイトスピーチと言われるように、人から憎まれることが容易に想定できる過剰な悪口を投稿する人たちも多くなっています。だからこそ、ボナンゴのように、何かを聞いてもそれを無視して自分は動かない、つまり行為の連鎖を切ることができるということは、ある意味ですばらしいやり方だと思います。

そもそも言語の機能には、「何事かを伝達する」ことと、「言語を用いて考える」ことの２つがあるとされています。後者は、自分の考えを言語という体系を用いて形にするものです。だから、本来的には他者に伝える必要はなく、独り言としてアウトプットされてもいい。このような、コミュニケーションのためではない言語の働きというのは、それなりに自然なものなのです。しかし、公共の場でボナンゴのような独り言を発すると、日本では白眼視されることになります。ボンガンドの場合は、それが許容される文化がつくりあげられているのです。

ボナンゴのような行為は、ボンガンドに特別なものというわけではありません。アフリカの他の地域でも同じようなことをやっている人々がいると聞いたこともあります。また、ロンドンのハイドパークという公園の北東角にある「スピーカーズ・コーナー」では、毎週日曜日の午後に、誰が話してもいい演説会が開かれています。ここは、英国王室の批判以外は誰でも何を言ってもいい場所として機能するのです。もちろん聴衆と議論になり盛り上がることもあるのですが、私が行ったときには、ある弁士が脚立に登って熱弁をふるっているのに、それを誰も聞いていませんでした。ボナンゴに近いコミュニケーションは、案外自然に、どこでも行われうるものなのかもしれません。

いいかげんさを許容するコミュニケーション

異なる場所の文化から、また別のことを学びました。バカ・ピグミーという民族の研究をしているとき、彼らの集団がもつ融通無碍さに驚かされることがありました。たとえば、バカの人々が、住んでいるキャンプを移動するという大きなイベントがあったとき、誰がそれを決めていつどこに行くということが、調査者にはあらかじめまったくわからないということがよく報告されています。何となく、みんなでふっと移動することになる。明確な決定プロセスがなくても、全体としていつのまにか大事なことが決まっていました。そのコミュニケーションには、「いいかげんさ」を許容する技術がある。

同じくバカの人々には、人々が小屋に集まっているとき、複数の人が同時にしゃべり出す「発話重複」という行為が存在します。そうかと思うと、みんな沈黙して何もしゃべらない時間が数分間続くこともあります。不思議なのは、みんなシーンと黙って座っているのに、しゃべらないといけないという焦りを誰ももたず、気まずさが何もないことです。われわれは、会話というものは言葉がキャッチボールのようにきれいに往復して続いていくのが良いと思っていますが、それは当然のことではない。沈黙に耐えるというよりも、長く続いている夫婦のように、沈黙に全く不安を感じないコミュニケーションが可能な文化がかたちづくられていると言えるでしょう。明示的なコミュニケーションをしないということも、ひとつの対話のあり方なのです。

相対主義という姿勢

アフリカで異文化と接したとき、多くの場合はショックを受けるところから思考が始まります。現地の人々と密なコミュニケーションをとっていると、そのうちだんだん、彼らの行為を差異化して捉えられるようになってきます。同じに見えた行為でも、様々なレベルがあることがわかってくるのです。同時に、自分の文化について振り返っても、同じようなグラデーションがあることが理解できてくる。そんなプロセスが文化人類学のフィールドワークにはあります。

私は、文化人類学によって得られた最大の知見のひとつは相対主義だと考えています。お互いの文化が別の体系にあると相対的に捉える。そのようにしてわからないものをわからないものとして受け入れる姿勢が、文化人類学では培われてきました。前述したようなアフリカの人たちの自分たちが理解できない行為に対して、非合理的だ、超自然的だと切り捨てる理解の仕方もあります。ただ、それをもう少し上のレベルで見ると、それなりに納得できることもある。たとえばボナンゴという行為は、自分の考えを発散する機能があると説明することも可能です。自分の理解の地平の向こうに何かがある事実を受け入れることが、相対主義の大切なところです。自分が正しくて相手が間違っているわけではない。相対的で様々な信念がありえるのだということを発見したのが文化人類学なのです。

もしウェルビーイングというものを考えるとすると、「ウェル」という価値観を相対的に定義することができるのか?という議論が必要になってきます。欧米のウェルビーイングがあり、日本のウェルビーイングがある。その相対性のなかで、それぞれに対する解像度を高めていく必要があります。欧米、日本というカテゴリのなかでも文化は一枚岩ではない。それを言語で記述することは、そもそも不可能ではないか?という意見すら文化人類学者のなかではある。たとえば、ある特定の個人のなかにも、家族や職場、あるいは別のコミュニティによって自意識を使い分けることがあります。また、通常は「イル(ill、悪いこと)」であると見なされる状態が、実はその人にとってはウェルである、ということもあるでしょう。そんな相対化を行いながら、わからない他者をわからないまま受け入れることが必要なのだと思います。

「出会い」と「すり合わせ」

ただ、他者が「わからない」ことを認めるという態度は、ニヒリズムに陥ってしまう危険性も秘めています。相手のことがわからないということを前提にすると、それ以上何も議論ができなくなってしまう。だから、そこから一歩踏み出して、お互いに「すり合わせ」をする必要があります。

最近、「出会いと挨拶」に関する研究を進めています。世間一般で「出会い」というものがよく言及されるようになっていますが、「出会い系」といわれるサービスや、マッチングアプリが増えてくるなかで、他人と出会える機会は増えている。しかしそれは逆に、現代が出会いに欠乏している社会だということを示しているとも言えます。この現象は、たとえば男女の出会いというものは、出会って、デートをして、結婚するというような固定した流れがあるという観念に起因しているのかもしれません。実際の出会いは、そんなパターンに当てはまらないものも多いので、「出会い」自体が減っていると感じる人が増えているのでしょう。お見合いや社内結婚のようなかつて存在していたパターンが、いま解体されていて多様化している。だから不安なのだと思います。出会いというものはこれこれこういうものだと決め打ちするのを止めれば、ずいぶん楽になれるのではないでしょうか。

さらに、サイエンス・フィクションを通じて宇宙人との出会いにまで研究を進めていると、コミュニケーションにはあらかじめ決められたやり方というのは存在しないのではないかと考えるようになりました。宇宙人というのは、全く予備知識がない相手です。彼らとコミュニケーションが成り立つかどうかと思考実験してみると、ちょっとずつ「すり合わせ」を行っていくほかないという結論に至るのです。これは、出会いでも理解でも同じことです。あらかじめ決められたパターンなどなく、すべてはその場でのすり合わせでしかない。多様化しているコミュニケーションの自由さというのは、躊躇すべきものではなく、そこで踏みとどまって「いろいろある」という気楽な気持ちでやることが大事なのかもしれません。

制度を超えた「なめらかな社会」のために

私たちの社会や文化には、当然それぞれ違いや差があります。アフリカと日本は異なる社会ですし、そのなかでも金持ちとそうでない人がいたりする。それを階段関数のようなかたちで0か1かにカテゴライズしてしまうこと自体に難しさがあると思います。もちろん、制度というのは人を分けるということなのですが、そこに例外を認めるか境界を緩めることで、鈴木健さんの言う「なめらかな社会」を実現することも可能なはずです。

ピグミーの社会では、大きな肉が獲れたとき、集落のなかでまさになめらかに分配が行われます。単純に、誰にどれくらいの量の肉をあげるか決まっているわけではないのに、近い人同士やり取りが行われて、食料が行き渡っていくということが起きるのです。全体から分配を考えていくのではなく局所的な対等性が発動することで、物の分配が可能になっている。言ってみれば、制度化がなされていないのです。

彼らのやり方を「いいかげんだ」と切り捨ててしまうのは簡単です。ただ、制度を作ってそれに従うよりも、制度化しないで常にすり合わせを行っていく方がよっぽど難しいのではと思います。マクロな広い視野をとらずに、その場で考えるということを選び取る。彼らの生活のなかには、そんな感覚が根づいています。アフリカのなかに「何となく生きていける」社会のモデルのようなものがある。そんな、考えすぎずに生きることの技を、彼らから学ぶことができると思うのです。

関連文献

『共在感覚 ― アフリカの二つの社会における言語的相互行為から』木村大治、京都大学学術出版会、2003年
『なめらかな社会とその敵 ― PICSY・分人民主主義・構成的社会契約論』鈴木健、勁草書房、2013年
『見知らぬものと出会う ― ファースト・コンタクトの相互行為論』木村大治、東京大学出版会、2018年

2.2.3

Connection

孤立を防ぎ、つながりを育む

小澤いぶき
（構成：編集部）

子どものウェルビーイングを多角的に捉える

紛争やテロ、貧困といった問題が、いま世界各国で子どもたちの生活に多大な影響を及ぼしている。そんななか、国際社会で言われ始めているのが「子どものウェルビーイング」を多角的に捉える必要性だ。

たとえばユニセフは、子どものウェルビーイングを「子どもの権利の実現、およびすべての子どもがその能力、潜在的な可能性やスキルを実現する機会の達成度合い」で計るものと定義し、六分野からなる指標を総合してその達成具合を表している。なお、ヨーロッパには子どもの貧困問題を可視化するための「剥奪指標」という指標もあり、それぞれの目的に応じて活かされている。

子どものウェルビーイング指標に関しては、「子どものウェルビーイング」という概念を使うことで、金銭や物質的な要素に限らない、子どもの生活に影響を及ぼしうる、教育、健康、安全、生活環境等の多様な要因の包括的な理解を促し、子どもが置かれた状況に目が向くことを目的としている。

子どものウェルビーイング指標の必要性が叫ばれるきっかけとなったのは、1989年に国連で採択された「児童の権利に関する条約（子どもの権利条約）」だ。子どもの基本的人権を国際的に保障するために定められたこの条約の採択をきっかけに、従来の救貧的、保護的な「ウェルフェア（Welfare）」から、子ども個人の尊厳や人権の尊重し、最低限度の生活ではなく、人間的に豊かな生活の実現をはかる「ウェルビーイング」の概念への転換が進んだ。いまでは、経済的・物質的剥奪の有無にはじまり、生活環境や学校環境、人間関係の良好度、健康・安全、さらには自殺率や飲酒・喫煙率、若年期の妊娠率といった要素を包括的に含んだウェルビーイングという概念を構成しようという取り組みが、欧米を中心に行われている。

子どものウェルビーイング指標の設定に2003年から取り組んでいるのがスウェーデンだ。同国の取り組みのなかでも特に興味深いのは「子どものオンブスマン局」である。これは子どもの権利の保障を目的とした法的権力のある中立機関で、もともとノルウェーで最初に設けられたものだ。子どもの権利を監視することによって、社会の一員である子どものウェルビーイングを保つというのがその使命である。スウェーデンのオンブスマン局は、ウェルビーイング指標として、経済、健康、教育、訓練、安全、参加、支援、保護という上位指標と、45の下位指標を設けており、定期的な更新も行なっている。また同局は、地域別、自治体別のデータの収集・公開にも積極的だ。活動参加や支援、保護といった内容は、個人よりも地域単位の問題であることが多いため、同局はスポーツ活動に参加している子どもの割合や、自宅以外でケアを受けている子どもの割合、6カ月以上保護施設に入っている子どもの割合といったデータを地域や自治体単位で収集している。なお、ウェルビーイング指標の開発は、イギリスやアメリカといった国や、経済協力開発機構(OECD)などの国際機関でも進められている。

子どものウェルビーイングをいかにを保障するか

ウェルビーイング指標も考えていく必要があるが、今まさにウェルビーイングとかけ離れた生活を送り権利を剥奪されている子どもたちの安全を保障し、その生活を安全なものにするための体制も重要な課題だ。2018年5月にパリで開催されたカンファレンス「World Congress on Justice for Children」では、住む場所のない子どもやリスク行動をとりがちな子どもに対してどのような対応を取るべきかが話し合われた。ここで特に大きなテーマとなったのは、テロだ。様々な権利が剥奪され（教育を受けることが難しい、安全な環境で生活できない、ケアされないなど）、危険な場所での生活を余儀なくされている子どもは、テロ組織のリクルートの対象になることが多い。

カンファレンスでは、以下のメッセージが出された。「暴力、虐待、ネグレクト、搾取から子どもを保護し、子どもの安全を保障する、法律や政策採択を含む、児童の司法制度の強化と改善が重要である」「過激な暴力や、テロ関連の犯罪の疑いがあり、国家安全保障のために告発、または非難された子どもを含むすべての子どもは、司法制度の中で子どもとして扱われるべきである」「子どもたちの声は、司法制度のあらゆるレベルで適切に聞かれるべきである」「予防、コミュニティや学校の再統合プログラムだけでなく、オンラインのプラットフォームにも多大な投資をしていく必要がある」「法に触れた子どもの刑においては、非拘禁的措置がとられるべきである」。

このパリでのカンファレンスで特に強調されていたのは、何らかの暴力という手段を使うに至った子どもたちも、ウェルビーイングを構成する要素が剥奪された被害者だ、という事実である。そういった子どもに対して、まずは権利保障やヒューマンライツの立場からきちんと関わっていくこと自体が過激化を防ぐことにつながるのだ、という認識が改めて共有されることとなった。

見えない孤立という問題

子どものウェルビーイングの保障は、日本でも取り組んでいく必要がある課題だ。実際、日本の相対的貧困率は七人に一人の割合で、虐待相談対応件数は年15万9850件とまで言われている。こうした子どもたちからは、健康や安全に過ごす環境が剥奪されていたり、格差によって子どもの権利が奪われていたりする。

2017年、ユニセフは「レポートカード14　未来を築く：先進国の子どもたちと持続可能な開発目標（SDGs）」を発表した。これは、国連で2015年に採択されたSDGsのうち、子どもに関連が深いと考えられる目標をピックアップし、先進国の子どもたちの状況を分析、順位付けした報告書だ。日本は健康、教育の分野では比較的よい結果にあったものの、格差（40カ国中32位）や、15歳から19歳の自殺率（37カ国中26位）は、先進国の中でも特に低い水準にあった。

また、日本とほかの先進国では、子どもの保護の現状にも大きな違いがある。OECDの調査で、10人に3人の子どもが孤独感を感じているという調査もあり、子どもを一人の人としてその権利や尊厳を尊重するというまなざしは、文化的にもまだまだ遅れているのではないかと感じる。

ここで事例を2つ紹介したい(個人が特定されないよう、様々なケースから抽出した架空のケースをつくっている)。いずれについても、安全で安心なつながりや場が、その後の挑戦に大切な要素となったことを示す事例だ。

一人目は、さえこちゃん。小学校低学年のときに、友達との関係や先生との関係がきっかけで学校に行かなくなった女の子だ。初めて会ったときは、誰かと話をすることは怖いととても緊張していた。彼女はお菓子づくりが大好きだったため、彼女と関わっている地域のお姉さんが、一緒にお菓子づくりをするようになった。大好きなお菓子づくりに関する会話を通じて様々な人と関わるようになった彼女は、少しずつ、自分の気持ちや願いを話すようになった。

さえこちゃんは、自分が安心して感情や願いを安心して話せる場で好きなことに取り組むなかで、様々な場所に出かけるようになった。関わっていた地域のお姉さんが創作洋菓子をつくる会に誘った際には、参加したパティシエから実際のお菓子づくりの裏側を教えてもらい大興奮。自分でも誰かにお菓子を振る舞ってみたいと思うようになった彼女は、まわりの大人たちに相談しながら、1日お菓子屋さんを企画し、実際に開催した。人との関係のなかで傷つく体験をした彼女だったが、好きなことや楽しいこと、信頼する大人との関係を通して、徐々に新たな関係をつくっていけるようになっていった。

もう一人は、たかしくん。もともと負けず嫌いだった彼は、自分の「好き」へのこだわりが強かった。あまり学校に馴染めずに、学校に行かなくなった。彼と関わるようになったお兄さんに、自分の意見を伝えることが怖くなったと教えてくれた。そして彼は、そのお兄さんと一緒に、好きなゲームをするようになった。そのなかで、ゲームをつくってみたいと思うようになり、ゲームクリエイターと一緒にプログラミングを学ぶようになった。プログラミングをやる場所での大人との関わりが楽しくなったたかしくんは、定期的にその場に来るようになった。ある日、彼がアプリのアイデアを持って来たところ、そこに参加したプログラマーたちが彼のアイデアを面白がり、一緒にプログラミングして実装するプロジェクトが立ち上がった。そのことが転機となり、たかしくんは自分の考えや意見を伝えながら、自分がやってみたいことに挑戦するようになっていった。

このように、日本にも子どもたちの見えない孤立がある。それは違う世界のことではない私たちの世界のことなのに、もしかしたらそれぞれが違う世界だと感じてしまっているかもしれない、そんな分断がもたらしている孤立だ。日本では社会的孤立に関する調査がまだ行われていないが、その必要性は高い。子どもが社会的に孤立していたり、社会集団ごと孤立したりしているとき、その子どもが見えている選択肢が実際のウェルビーイングにつながらない可能性があるからだ。

これは、前述のテロと子どもの関係にもつながる話だ。パリのカンファレンスでは、過激派集団にリクルーティングされた難民の子どもの話が紹介された。その子は過激派集団で優しいお兄さんお姉さんに出会い、彼・彼女らに爆弾のつくりかたなどを学んだという。彼はのちに保護されることになるが、保護されたあともなお、優しくて自分のことを理解してくれるお兄さんお姉さんの元へ帰りたいとしきりに言っていたという。孤立した社会集団にいたその少年にとって、お兄さんやお姉さんとの関係はとても大切なものだったのだ。しかし、長期的に見たとき、その選択はその子のウェルビーイングにつながるのだろうか。

孤立を防ぐネットワークを

ひとつの社会集団のウェルビーイングが、ほかの社会集団のウェルビーイングを奪う可能性があると考えたとき、さらなる疑問として浮かぶのは、そもそも全体のウェルビーイングと個人のウェルビーイングがどのように関係してくるのかだ。

児童期は、獲得できる情報や選択肢、所属するコミュニティが身近な大人に大きく依存する。認知特性として客観的視点を獲得する途上であるため、子どもの選択が限られた情報に基づくものだったり、所属するコミュニティの価値観に適応せざるをえなかった結果の選択肢である可能性もある。

子どもの環境がその後の長期的なウェルビーイングに影響するという可能性について、米国では「Adverse Childhood Experiences Study（ACES：逆境的小児期体験に関する研究）」という研究が行われている。児童期の逆境体験がケアされないままであると、その影響は長期にわたるという研究である。心身の疾患になる割合の高さへの影響や、寿命への影響があると言われている。また、逆境体験が起こる社会的な状況やローカルコンテキスト、それを生み出す、世代を超えたエンボディメントやヒストリカルトラウマがあるという。

ACESは、米国疾病予防センターとカリフォルニア州の保険組合が共同で、17337人の米国人を20年追った研究だ。対象者たちには10の逆境体験のうち自分がいくつ体験したかを回答してもらう。この実験では、被験者の64パーセントがなんらかの逆境体験をしていたが、逆境体験の累積が多ければ多いほど、身体疾患や寿命に影響を与えていたという。最終的に、逆境体験が積み重なると寿命が20年縮まるという研究結果が出ている。

ただ、これは決して予防できないものではない。もちろん、遺伝的要素や性格といった要因も関わってはくるが、研究では養育者との健康なアタッチメント、もしくは社会とのサポーティブなつながりが保護因子になることが明らかになっている。子どもたちは養育者を通して社会とつながることが多いが、その子どもたちにサポーティブなつながりがあると、なんらかの逆境体験があったとしても、適切なつながりのなかで健康に育っていく可能性があるということだ。一方、サポートや適切なアダルト・リレーションシップの欠如は、有害なストレスになるという結果も出ている。

私は、児童やその周囲の大人が孤立しないための安全で安心なネットワークをつくること、そして子どもが属する社会集団の孤立や、子ども自身の孤立が防がれていくことが、長期的なウェルビーイングにつながる可能性があると考えている。様々な人や事を媒介していく「間」に生まれるのが痛みや恐怖を伴うものばかりだとしたら、子どもたちは、他者と、何かと、つながっていくことが困難になってしまうかもしれない。

けれど、その「間」に安心や癒しが生まれていくとしたら、子どもたちは明日に少しだけ希望を持って、他者と、何かと、つながることができるかもしれない。それを可能にするのは、人の想像力ではないかと感じる。情報技術が発達しているいま、児童期の孤立を予防するための情報や機会、関係性の媒介のきっかけとして、想像力を広げて、人が孤立せず、尊重しあえるような技術の活用ができたらと思っている。

2.3

Society

社会制度とウェルビーイング

社会制度は「わたし」のあいだで効率的に価値交換を行い、一定の基準に基づいて利害を調整するために存在する。しかし、ときにそれが行き過ぎると、人の生すら定量化された制御対象となり、人と人の人格としての交わりを阻害する。一方で、近年の情報技術の急速な進展は、個人と社会の関係、個人データや価値の交換について、もう一度考え直す契機をもたらした。本節では、信用によって結びつく人と人のつながり、自分事として捉えられる参加型ルールメイキング、個人データに対する自律的なコントロール、これらが矛盾なく実現され、「わたしたち」のウェルビーイングに向かう社会制度の萌芽を見ることができるだろう。

2.3.1

Society

お金から食卓へ：貨幣とつながりの現在地

山口揚平

（聞き手：渡邊淳司、矢代真也ー構成：編集部）

文脈という価値

「貨幣とは信用を外部化したもの」という定義は、近年日本でも一般化されてきた。ドルや円、ビットコイン、ポイントなど、信頼を数値で表す貨幣は、価値交換をするうえで大変便利だ。その一方、すべてを数値化してしまう貨幣には、「文脈の毀損」という大きな問題がある。たとえばあなたが1，500円のコップを購入するとき、それを手にするまでには、友達からそのコップの話を聞き、興味をもって雑貨屋さんに行き、実際に購入するという過程、つまり文脈があるだろう。こうした信用関係、友達関係、好奇心、知性や教養といったつながりと物語があってこそ、このコップの購入が可能になる。こうした文脈を考慮したとき、本当にこのコップは1，500

円なのだろうか？

「関係の硬直化」を越えるために

文脈毀損の問題は、それが孤独を生むことだ。「幸せとは孤独でないこと」という考え方がある。一体性やつながりが人を幸せにするのであれば、お金を使ったコミュニケーションはウェルビーイングを遠ざける可能性がある。「Finance（金融）」という言葉の語源である「finis」は、ラテン語で「終わり」を意味する言葉だ。つまり、お金は「人間関係の終わり」とも言えてしまうのだ。

ここで注意したいのは、「貨幣」と「資本」は違うという点である。資本は、蓄積されることによって、社会を覆したり、しがらみを一掃したりするといった力をもつ。この資本がもつ問題と貨幣がもつ問題は分けて考えなくてはいけない。「1パーセント以上の資本を所有している」という言い方がよくされるが、血筋や身体能力による格差など、社会のなかにおける格差は貨幣が誕生する以前からあったものだ。資本の偏在という問題は、貨幣があってもなくても起こるものである。

さて、貨幣の問題点として文脈毀損を挙げたが、これはテクノロジーや、それによるグローバリゼーションの問題でもある。世界でやり取りされるコミュニケーションメディア（＝媒体手段）

のレイヤーを考えたとき、いちばん伝わりやすい最下層のレイヤーにあたるのが「数字」だ。数字は、世界のほとんどの国で通じる。その上のレイヤーに「言葉」、その上に知覚し言葉にできる「概念」、さらに知覚できるが言葉にすらできないこと（ときに「本質」と呼ばれる）がある。上位に行くほど文脈を保全できるが、それを他人に伝えるのは難しくなる。グローバリゼーションによって、コミュニケーションの規模は150人の村から77億人の地球へと広がりつつある。0と1の処理で成り立つテクノロジーや、数字で構成されるお金によって、世界のコミュニケーションは最下層に近づいている。そしてこれが、関係性の「硬直化」を引き起こすのである。

他人の意識と「まじりあう」ために

人間は意識体だ。ある意識が目につくレベルになると、われわれはそれを「情報」と呼ぶ。肉体も、記憶も、知識も情報だ。こうした何億兆もの情報と、情報になっていない意識とが混ざり合い、人間という存在を構成している。人間は情報や意識のやりとりを他者とのコミュニケーションと呼ぶわけだが、そのときどのメディアを使うかによって、関係性が分断、あるいは硬直化する。数字という低層レイヤーのメディアのみでコミュニケーションをとっていたら、孤独になっていくということは感覚的にわかるだろう。だからこそ、ウェルビーイングにはもっと「意識の交流」を増やすことが大事である。

では、意識の交流を増やすにはどうすればいいか？　そのためには、自分の解像度を上げることが必要になる。自分を知ること、つまり「自己の再発見」だ。まずは、自己情報のセンサリングの解像度を上げることを徹底的に行う。さらに、その発見のなかで見つけたコンプレックスを開示するのだ。親しい人や知人、旅先の人などへの開示を少しずつ行っていくことによって、自分への執着がだんだん取れていく。これが意識の交流の始まりになるだろう。自分の情報への解像度が高くなれば、それはそのまま相手をスキャニングする際の解像度になる。評価軸がたくさんあるに越したことはない。

もうひとつは大切なのは、お金を使わないことだ。お金を使うと、だんだん物事もコミュニケーションも雑になり、「人もモノも買えばいい」という発想が強くなり、工夫をしなくなる。結果としてお金の投入が増え、人に頼ったり、想像・創造したりといった行為が減ってしまう。

意識の交流を増やすには、具体的に何をすればよいのだろう？　そのカギは「食卓」にあると思っている。複数の人とどのくらい食を囲むかが、そのまま幸福度のＫＰＩになる。ちなみに、ここで言う食卓は、キッチンも含んでいる。外食ではなく、作って食べるという行為が「食卓」である。食卓を囲むためには、他者との丁寧な関係構築が求められる。役割分担をしながら関わり合うコミュニティが必要なのだ。それは、コミュニケーションが対面や音声ではなく、テキストメインになっている若い世代にとっては特に難しいことだろう。

そうしてできたコミュニティは、変わっていく。なぜなら、個人がコミュニティの中で生きるにあたり、社会的価値を出そうとしていくからだ。そうして価値の創出に成功したメンバーは、コミュニティを出て行き、違う食卓を囲むようになる。また、各個人はひとつのコミュニティにしか属さないわけでもない。ひとりが複数のコミュニティにつながることによって、コミュニティはアメーバ的に多層化しているわけだ。

近年、コミュニティ論の議論が増えている。例えば、『ティール組織』という本では「ホールネス」という言葉が紹介されている。「人格全部を受け入れよう」という考え方だ。かつての会社は、一個人を「ファンクション（機能）」として捉え、プライベートとビジネスを分けることを推奨されていた。しかしこれからは、社員を人格として受け入れ、ペットや子どもを連れてきたり、一緒に住みながら働くことすら許容したりといったほうがパワフルであるという主張である。この考え方は、コミュニティ論に近いものがあるだろう。

終らないコミュニティは可能か

世の議論のなかではさまざまなコミュニティが扱われるが、これらのコミュニティには大きく分けて3種類あると言える。「セーフティネット」としてのコミュニティ、「インセンティブ」のためのコミュニティ、「価値観」を共有するコミュニティだ。セーフティネットは家族や恋人、地域のつながり。インセンティブは社会貢献および経済を目的にするもの。そして価値観は趣味のグループなどで、国や民族を超えたものもここに含まれる。たとえば前述した共に食卓を囲む人々たちの集まりはセーフティネットとしてのコミュニティ、会社はインセンティブのためのコミュニティと言えるだろう。

理想的なコミュニティは、家族間の関係性を拡張した、相互にコントリビューション（貢献）するようなものだ。このコントリビューションは、たとえば誰かのために食事を用意するといったことも含む。さらに、目的があること、明確に外に対して価値を提供していること、そしてタテではなくヨコのつながりであることも重要な要素として挙げられる。

先ほど〝お金は「人間関係の終わり」とも言える〟と書いたが、コミュニティの中においては人間関係を終わらせるような貨幣は必要ない。それは、家族間で貨幣を使用してコミュニケーションをとる必要はないことからも想像できるだろう。家族を拡張したような理想的コミュニティにおいて必要なのは、シェアや貸し借りなど、「信用」を中心とした経済システムだ。この信用ベースの経済システムでは、貨幣によって生まれる「文脈の毀損」が起こらない。それゆえ、コミュニティは貨幣経済が内包する問題へのカウンターと言えるのだ。

ただし、コミュニティが生まれても生活のなかでの貨幣の必要性は変わらない。なぜなら、貨幣は異なるコミュニティ同士のコミュニケーション手段であり、ハブだからだ。ただ、使う主体が、個人からコミュニティに移行するのだ。やがてはこうした貨幣の下支えも、中央集権的な国家から非中央集権的なブロックチェーンベースの仮想通貨やトークンといったものに変化するだろう。現在「個人の時代」という言葉が盛んに言われているが、今後は「コミュニティの時代」、あるいは「エコシステムの時代」が来ると私は信じている。個人はコミュニティのなかでは貨幣を使わず、シェアや貸し借りといった信用のシステムを利用することになるだろう。

自らコミュニティを作れ

そうした世界への準備として、私たちは何をすればいいだろう？　おすすめするのは、強いコミュニティに入ることだ。安定したコミュニティ、拡張するコミュニティでもいいだろう。企業ならば、外に対して稼ぐ力がある会社である。もうひとつは、コミュニティを自ら創造することだ。特に、新しい価値観を持ったコミュニティの創業メンバーになるのがいいだろう。

「孤独でないことが幸せ」という考え方は、私にはしっくりくるものだ。たとえば私はお金がなく生活が危なそうなとき、「助けてくれそうな人リスト」を持っている。いろいろなところで開示能力を発揮することによって、じわじわと味方を増やしている。これによって、家族や恋人だけではない共同体感覚がだんだんと養われてく。こうした多層的な意識の交流をさまざまな場所で展開していくことによって、安定感が増し、自分自身も情報体から意識体へと変化していく。それは、まるで自分のアイデンティティが社会の中に溶け込み、個体という意識が薄れていくような感覚である。やがて社会や世界が、自分のアイデンティティになっていくのだ。

アイデンティティが溶け込むということは、自らの行動に自分の意志がなくなるということとイコールではない。私は自分のなかに、ある程度のルールや時間割を持つようにしている。「法律は使うが裁判はしない(裁判という楽な制度に頼らず、対話と契約だけで問題を解決する)」「お金より人をとる」といったことだ。そうした自分のなかの「憲法」に従い、そのための時間の使い方をしているからこそ、硬直せず自由のなかで生きていけるのだと私は思う。

2.3.2

Society

ウェルビーイングと法のデザイン

水野 祐

ウェルビーイングと法のデザインの関係には、2つの視点がありえる。1つは、サービスや製品にウェルビーイング設計（またはポジティブ・コンピューティング）を組み込むことを、法がいかに促進できるのか、という視点である。これは、いわば「ウェルビーイングのための法設計」という視点である。2つ目は、法に対する私たちのマインドセットをいかにウェルビーイングに資するかたちで捉え直すことができるか、という視点である。これは、古くて現状に合わない法、不公平な法、不合理な法をいかにアップデートして、新しい法を作っていくのか、法をいかに「自分ごと」として捉えられるかが、私たちがこの社会を生きていく際のウェルビーイングに大きく寄与するのではないか、という認識を前提としている。この2つ目は、言わば「法設計におけるウェルビーイング」の視点である。なお、「法」と書いているが、これは法律だけに限られない。

条例はもちろん、契約や判例、慣習のような不文のルール、限られた業界やコミュニティ内のガイドライン、企業内の規則や校則を含む、ルール全般を意味し、本稿において「法」は「ルール」と読み替えていただいてかまわない。

ウェルビーイングのための法設計

サービスや製品におけるユーザーの自律性は、ユーザーのウェルビーイングに資すると考えられている。シドニー大学のラファエル・カルヴォとドリアン・ピーターズらは、著書『ウェルビーイングの設計論—人がよりよく生きるための情報技術』において、リチャード・ライアンとエドワード・デシが提唱する自己決定理論（SDT）や、ティア・フリードマンによるバリューセンシティブデザイン（VSD）を紹介したうえで、ユーザーが適切なタイミングで適切な物事を行なえること、自分の行動の結果が自分の意図によるものだと思えること、すなわち、ユーザーの自律性がウェルビーイングにとって必須であること説いている[＊1]。

「データは21世紀の新しい石油（New Oil）である」と言われるように、データが産業的・文化的にも私たちの生活や人生において果たす役割は飛躍的に高まっている。一方で、エドワード・スノーデンによる告発やケンブリッジ・アナリティカ事件などをきっかけに、国家やテック企業による大量監視、個人情報やプライバシーの侵害が世界的に問題視されている。このように、個人情報を含むデータの取り扱いにおけるユーザーの自律性の確保が、私たちのウェルビーイングに直結することが明らかになってきた。上記『ウェルビーイングの設計論』においても、"開発者が人々を操作するためにテクノロジーを使うのではないか、という正当な懸念を多くの人が抱いている" 筆者らの立ち位置は、「ポジティブ・コンピューティングはプライバシーをさらに侵害するための言い訳として使われるべきでない」というものである" "透明性、自律性、そしてユーザーの意識的な没頭をサポートするために努力しなければならない（中略）個人のデータがさらに分散して商業的なクラウドの中へと流れ込んでいく中で、プライバシー、セキュリティや自律性を適切に運用し、制御し続けられるよう、デザイナーや研究者がこの問題に常に敏感であってほしいと願う" 等と指摘している＊2。今後、ユーザーの自律性に配慮した個人情報を含むデータの取り扱いが、サービス・製品の開発・設計において重要性を増すことは間違いない。

データの取り扱いを巡る近年の大きなターニングポイントとなっているのが、ＥＵによる２０１８年5月に発効した「General Data Protection Regulations（ＧＤＰＲ）」である。ＧＤＰＲは、個人データに対するコントロール権を新しい基本的人権と位置づけ、個人に関する

＊1・2 『ウェルビーイングの設計論―人がよりよく生きるための情報技術』ラファエル・カルヴォ、ドリアン・ピーターズ 著、渡邊淳司、ドミニク・チェン 監訳、ＢＮＮ、２０１７年

データを私たちの手に取り戻すことを企図している。GDPRは対GAFAMのためのルール戦略という側面が強調されがちであるが、ウェルビーイングのための法設計としても21世紀における最初の発明と評価できよう。GDPRにおいては、「合理的な個人」が自由意思に基づき意思決定をすることを前提として、そのような意思決定をもってなされた同意をトリガーとして、ユーザーの自律性を確保する法設計がなされている。このようなGDPRの背景には、自由意思に基づく意思決定の幅が広い、すなわち、自律性が高いほうがウェルビーイングであるという上記カルヴォ、ピーターズらと同様の設計思想が見てとれる。

一方で、人間とはそもそもそんなに合理的で、自由な意思決定ができる存在だろうか、自由意思や自律性などフィクションではないか、という知見も、主に認知科学や行動経済学の観点から広がってきている。GDPRのルールや個人情報・プライバシーの取得に対する慎重さが求められるなかで、いわゆる「同意疲れ」の問題や、同意を求めたとして、そもそも誰も利用規約やプライバシーポリシーをきちんと読んでおらず、そこに個人の自由意思に基づく意思決定など存在しないこと、さらに言えば、同意を求めることでユーザーのウェルビーイングが本当に向上しているのか、大多数のユーザーが規約を読まず、その内容を関知しないまま ただ同意ボタンを押している状況で、本当にそれが契約として有効なのか、などといった「同意至上主義」に対する疑問・懸念の声も強くなってきている。

たとえば、ノーベル経済学賞を受賞した行動経済学の専門家リチャード・セイラーとの共著でも知られるハーバード大学の憲法学者キャス・サンスティーンは、「選択しない選択」と言う言葉で、必ずしも大多数の人間が自分で判断したい、あるいはそのような判断リソースがあるわけではなく、そのような意思決定のリソースを適切に分配する観点から、「デフォルトルール」とそれを個人の意思で変更するオプトアウトをうまく活用する、いわゆる「選択アーキテクチャ」によって適切な方向に促す「ナッジ理論」を提唱している[*3]。個人の自律性と選択の自由を尊重しつつ、その限界をも意識しながら、より健全な決定を後押しするのがナッジ理論であり、これはイギリス内閣府内に設置されたナッジ・ユニットなどで公共政策や公共サービスにすでに応用されている。このような人間の合理性、自律性に対する懐疑の目線から派生して、必ずしも同意を前提としない個人情報・プライバシー情報の利用について、専門家による信認義務（Fiduciary Duty）を重視することにより、個人・プライバシー情報を信託した際に受益者に利益があるような場合であれば相対的に広く利用を認めようという見解[*4]や、個人・プライバシー情報をよりカテゴリーを細かく分割して、同意をゼロサムで捉えるのではなく、より立体的に、柔軟に捉え、取得する方向性を模索する「APPA（Authorized Public Purpose Access）」という見解

*3 『選択しないという選択：ビッグデータで変わる「自由」のかたち』キャス・サンスティーン著、伊達尚美訳、勁草書房、2017年
*4 『信認義務としてのプライバシー保護』斉藤邦史、情報通信学会誌 2018年 36巻 2号

も生まれてきている[*5]。

いずれの流れもGDPRに見られる個人に関するデータの重要性は認識しつつも、人間の自由意思や自律性をどこまで信じるか、後見的な視点とのバランスをどう取るか、という視点が分岐になっている。このような流れを脇目に、中国は信用スコアリングなど、個人・プライバシー情報保護という価値を歴史的に無視するかたちで大規模なデータシェアリングを実現し、国民に対して全く異なるウェルビーイングを提供しようとしている。ウェルビーイングと自由意思または自律性の関係をいかに捉えるかは、米国のテック企業やEU、そして中国の地政学的な国家間競争とも密接に絡みながら、各国の法政策に大きな影響を与え得る可能性がある。

なお、「ウェルビーイングのための法設計」という視点からは、ここまで述べてきた個人に関するデータの取り扱いに関する問題のほかにも、「地球規模の社会契約」と言われているSDGsや、プラスチック、CO^2排出などの環境汚染に関する規制、タバコ・アルコール規制などについても検討されるべきであろうが、ここでは言及するに留める。

法設計におけるウェルビーイング

冒頭で挙げた2つ目の視点として、私たちの社会に不可欠な法を含むルールを、どのように私たちの手元に引き戻せるか、がある。これは、法設計におけるウェルビーイングを考えることであり、これまであまり考えられてこなかった領域のように思われる。

現在、私たち市民は、国家や制度、法を含む社会のルールに対して強い不信を抱いており、市民がこれらを「自分ごと」として捉えることは難しい。サービスや製品においてユーザーの自律性が重要であることはすでに先述したが、このことは法やルールにも同様であり、現在の法を含む社会制度はユーザーである市民にとって自律性が著しく欠如している状態と評価できる。この法設計におけるウェルビーイングにどう取り組むかは、おそらく瓦解しかかっている民主主義に対して、新しい社会契約をどうデザインするかの問題と等価であり、このことは21世紀の社会制度の設計論においては重要な視点になりえる。

この解決のために考えられるひとつの方途が、ボトムアップ型・参加型の法設計の仕組みである。これまでルールメイキングは、政治家や官僚、有力企業等の一部の限られたプレイヤーが密室的に（そして陳情的に）進めてきたが、これでは市民が法を含むルールを「自分ごと」として捉えることは難しい。そうではなく、ルールメイキングに、個人、コミュニティ、企業、自治体、政府といった大小様々なプレイヤーが、オープンなかたちで意見・議論するなど、参加できる仕

＊5　宮田裕章「データルネッサンス＝信頼を軸としたデータ流通」https://note.com/vcca/n/nf4ae3dbc0980
World Economic Forum "APPA – Authorized Public Purpose Access: Building Trust into Data Flows for Well-being and Innovation"

バルセロナのスーパーブロック内で行われた「市民議会」の様子（撮影：吉村有司）

組みを埋め込む必要がある。問題は具体策であるが、テクノロジーを活用しない手はないだろう。そのヒントのひとつになるのが、バルセロナ市が運営する「decidim」である。市民が政策や法律を含むルール、予算配分などに対して意見や議論ができるオープンなウェブプラットフォームである。注目すべきは、ウェブプラットフォームにとどまらず、市の主催で路上や公園などで「市民議会」のようなリアルミーティングも定期的に開催しており、それらの結果もウェブに集約されていくことである。バルセロナ市は、このような多様な意見を集約する仕組みや、「Superblocks」と呼ばれる道路や交差点を公共空間として利活用する施策を推進するのと同時に、客観性の高いデータの収集とそれに基づく政策立案（Evidence-based Policy Making：ＥＢＰＭ）の考え方を徹底している。いかに幅広い層の意見を汲み取れるか、包摂していくかは、依然として課題が残るが、バルセロナのボトムアップ型のルールメイキングに対する執着（と個人の自由意思に対する信頼）は、「民主主義をリプログラミングする」という「decidim」の思想に端的に表れている。バルセロナは欧州委員会から、ＧＤＰＲに基づくデータシェアリングを推進するモデル都市にも指定されており、それぞれ全く別の施策として展開されているように見えるＧＤＰＲのような法律と「decidim」のようなサービスの設計思想が、軌を一にしていることがわかる。

法設計におけるウェルビーイングの観点からは、人工知能やゲノム編集などの先端技術の分野において、ＥＬＳＩ（Ethics, Legal and Social Issues）やＲＲＩ（Responsible Research and Innovation）と呼ばれる手法が注目される。これらは、技術の社会普及・実装に平行して、倫理や法といった制度設計の議論を行ないながら、当該分野における規範形成を柔軟なかたちで進めることで、技術の社会的受容性を高めることを企図している。ＥＬＳＩまたはＲＲＩは、技術の進展と法を含むルールのギャップを埋める手法として期待されているが、先述したようなボトムアップ型のルール形成の手法、そして法設計においてステークホルダーのウェルビーイングを向上させる取り組みとしても評価できる。

ウェルビーイング・デザイナーの誕生

本稿では、ウェルビーイングと法を含むルールとの関係性を、「ウェルビーイングのための法設計」と「法設計におけるウェルビーイング」という異なる2つの視点から考察してみた。その結果、この2つの視点は異なるようでいて、いずれも人間の自由意思や自律性をどのように捉え、取り扱うのか、という問題に帰着する、という同根が見えてきた。

人間の自由意思や自律性の捉え方・取り扱い方によって、今後のサービス・製品のデザインはもちろん、法のデザインも大きく分岐しうる。ただ、人間の自由意思や自律性についての確定的な意見は（少なくとも現時点では）存在しない。人間の自由意思や自律性は、自律と依存との間のバランスの中にしか存在しえない、という相対的な概念と捉えざるをえない。たとえば、自律的な人工知能の発達・普及については、ジョナサン・ジットレインが言うところの「知的負債」＊6を進行させる懸念がある一方で、「ＡＩエージェント」等による適切な意思決定の手助けが意思決定リソースの適切な配分という意味で、ユーザーの自律性に寄与する可能性も否定できない。前掲『ウェルビーイングの設計論』においても、”テクノロジーによる介助は、私たちの自律性をサポートすることと弱らせることの両方ができるのである“と指摘されている。

今後、本稿で述べたような自由意思や自律性に関する視点や問題意識は、哲学者や法律家だけでなく、サービスや製品の開発・設計を担うデザイナーにとっても不可避なものとなる。たとえば、個人に関するデータの取り扱いは、リスクヘッジを専門とする法律家の仕事というよりも、むしろサービス・製品のコアを担うエンジニアやデザイナーの仕事として再定義されることになるだろう。法設計におけるウェルビーイングについては、これよりも少し時間がかかるかもしれない。それでも、この分野、すなわちデジタル技術を活用したボトムアップ型ルールメイキングや、それらを通じた新しい規範形成、社会契約のデザインに熱心に取り組むソーシャルデザイナー、前者の領域も架橋するウェルビーイング・デザイナーの誕生を、私は願っている。

＊6　ジョナサン・ジットレイン「AＩによる思考の自動化は「知的負債」を膨らませている」https://wired.jp/membership/2019/12/02/hidden-costs-automated-thinking/

2.3.3

Connection

本人による自己の個人データの活用

生貝直人

個人データとウェルビーイング

「データは21世紀の石油である」という言葉が人口に膾炙して久しいが、ＡＩ・ＩｏＴ・ビッグデータが生活環境全体を取り巻く現代において、データの活用は、企業のみならず、われわれ個々人にとっての重要性をも高め続けている。現代の情報環境では、様々な経路で集積される膨大なデータを人工知能により解析し、あらゆるサービスの基盤とすることが常態化しつつある。計測・解析された身体特性や生体反応、行動や振る舞いなどのデータから我々を理解し、よりよい状態を実現していこうとするウェルビーイングの試みも、豊かな個人データが、我々自身の意図に沿うかたちで、しかるべく活用されることが前提となるだろう。

これまで我が国で個人データの活用を促進するために提案されてきた施策は、2015年の個人情報保護法改正により導入された匿名加工情報制度や利用目的の制限の緩和をはじめとして、企業等が収集する個人データを、いかに本人の同意を省くかたちで活用可能とするかということに焦点が当てられてきた。しかし、個人の状態を深く把握し、適切な働きかけを行うための情報技術は、実名の、長期に名寄せ蓄積されたデータを、本人の意思に基づいて活用可能とすることでこそ実現されるはずである。現状では、ひとりの個人のデータはさまざまな企業等に分散して保有され、データベース間の相互運用性もないまま管理されている。たとえばIoTデバイス等から取得される、ある個人の長期にわたる多様な行動履歴や生活情報から心身の疾病等を予測し、予防するためのサービスを実現することは、本人が望んだとしても容易ではない。また、匿名加工情報制度については、官民をあげて具体的な加工手法等の策定や活用のための施策が進められているところだが、あくまでそれは匿名加工されたデータであり、様々なデータの再統合と本人の意思に基づく活用は困難である。

EU一般データ保護規則（GDPR）

EUでは2018年5月から、1995年データ保護指令を全面的に置き換え、域内のデータ保護法制を原則一本化する一般データ保護規則（General Data Protection Regulation：GDPR）が適用開始されている。GDPRは個人データの保護強化の側面が我が国においても広く注目を集めてきたところだが、本人の意思に基づく個人データの活用を促進するための重要な規定を含んでいる。20条に導入された「データポータビリティの権利（The right to data portability）」は、①個人（データ主体）が自ら企業等に提供した個人データを、構造化された、一般的に用いられる機械可読なフォーマットで受け取ると共に、②技術的に可能な場合には、当該個人データを別の企業等に、直接的に移転する権利を創設する。

前者の自らの個人データを受け取る権利については、日本の個人情報保護法においても本人が個人データの開示を求めることができる制度は存在しているが、その開示の方法は、原則として紙媒体の形式であり、本人がそのデータを他の用途に再利用したり、自ら電子的に管理することは想定されていない。データポータビリティの権利はその状況を改善し、再利用しやすい形式で本人が自らのデータを受け取ることを可能にすることで、本人による自らのデータの活用を促進しようとしている。この権利により、特にさまざまなプラットフォームやデータベースに分散的に囲い込まれた自らのデータを、PDS（Personal Data Store）のような仕組みに集約し、自らが望んだ企業等に提供することを可能とすることで、より質の高いウェルビーイングを実現するための、統合的な利活用を可能にすることが期待される。

後者の個人データを他の企業等に直接的に提供する権利については、米国の巨大プラットフォームに囲い込まれつつあるEU市民の個人データを、容易に他のプラットフォームに移転可能とすることにより、データ利活用市場に対する、EU発のIT企業を含めた中小企業の新規参入を容易にしようという狙いがある。たとえばSNSの利用者は、自らの属性データや投稿、友人とのメッセージをはじめ大量の個人データをSNS上に蓄積しているが、それらを他のSNSにまとめて移転することは容易ではなく、もし別のSNSに移ろうと考えた時には、手作業で入力し直すか、過去のデータの大部分をあきらめざるを得ない。そうした状況に対し、個人が特定のプラットフォームに過度に囲い込まれることを抑止し、本人の意思に基づくサービス自体の選択を可能とすると共に、より競争的な個人データ関連サービスを実現しようとしているのだ。

なお、EU各国のデータ保護当局等によって構成されるデータ保護29条作業部会（現在は欧州データ保護会議に改組）は、2017年にデータポータビリティの権利についてのガイドラインを公表し、いくつかの主要概念についての解釈指針を示している。その中で大きな焦点となったのが、データポータビリティの権利の対象となる、「彼または彼女が提供した」データの範囲である。これについて29条作業部会は、「積極的にかつそのことを知りながら本人が提供したデータ（例えばメールアドレス、利用者名、年齢等）」の他に、「サービスやデバイスの利用に基づく観測

（observed）データ（個人の検索履歴、トラフィック情報や位置情報などの他、フィットネス・健康計測機器によって計測された心拍数などの生データ）をも含むという広い解釈を示している。すなわち、自らがフォーム等から直接入力したデータのみならず、IoTのセンサー等で自動的に取得されたデータの多くが同権利の対象となるという方向性を示したのである。一方で、例えばアルゴリズム解析結果や与信評価、健康評価といったような、取得したデータをデータ管理者の側が分析することによって生み出される派生（derived）データや推測（inferred）データなどは対象外であるとしている。そのデータ生成に関わる貢献等の観点から、いわば「個人データは誰のものか」という問いについての一定の線引きを行おうとしていることを見て取ることができる。

個人データ以外のデータポータビリティ

この他EUでは、GDPRによる個人データ分野以外においても、様々な法制度領域においてデータポータビリティの強化が進められている。例えば2015年に成立した「改正決済サービス指令」では、金融機関に対して、セキュリティや財務要件等の一定の条件を満たしたサードパーティ企業にAPI接続を提供することを義務付け、利用者の意思に基づく決済データの円滑な活用を可能とする。GDPRのデータポータビリティはAPI接続までを直接的に求めるものではないが、改正決済サービス指令は、安全性確保など金融分野の特別の必要に対応したデータポータビリティを実現している。

また2019年に成立した「デジタルコンテンツ供給契約の一定側面指令」においては、個人が一定事由でクラウドストレージやソーシャルメディアサービス等の利用契約を解除した場合、本人がアップロードしたコンテンツと、サービス利用で生成されたデータを回収できることを規定している。GDPRが対象とする個人データ以外のデータを含む幅広いポータビリティを保証することで、サービスからの離脱や変更をより容易にしようとするものである。さらに個人の権利の保障という観点以外でも、2018年に成立した「非個人データの自由流通枠組規則」では、産業データ等の非個人データに関して、企業ユーザーがクラウドサービス等からそれらデータを回収したり、他のサービスに移転することを促すための規定が設けられるなど、法分野を超えた総合的な制度設計が行われている。

日本における検討状況と今後

日本においては、現在のところデータポータビリティの権利に直接対応する権利は存在しないものの、経済産業省・公正取引委員会・総務省による「デジタル・プラットフォーマーを巡る取引環境整備に関する検討会」では、2019年5月に諸外国のデータポータビリティ法制の参照を含む「データの移転・開放等の在り方に関するオプション」を公表し、同年の「成長戦略実行計画案」では「金融分野、医療分野、といった具体的分野ごとにデータポータビリティ・API開放について具体的制度設計の検討を行う」他、内閣官房に設置された「デジタル市場競争本部」に「データポータビリティやAPI開放をはじめとする上述のデータ利活用に係る多岐の課題への対応を通じたイノベーション促進のための権限」を付与する方針が示されている。さらに、次期の個人情報保護法の改正方針を示す形で2019年11月に公表された「個人情報保護法 いわゆる3年ごと見直し 制度改正大綱（骨子）」では、「開示のデジタル化の推進」が提示され、「開示請求で得た保有個人データの利用等における本人の利便性向上の観点から、本人が、電磁的記録の提供を含め、開示方法を指示できるようにする」として、EUのデータポータビリティ権の部分的な導入を行うことが示唆されるなど、徐々に制度整備に向けた動きが進みつつある。

自らがよりよく生きるための環境を選択し、構築していくために、個人が自らの意思で自由に移動できることは不可欠の条件である。近代国家の主要な役割のひとつは、我が国では明治憲法が22条において「居住及び移転の自由」を定めたように、物理的な身体の移動の自由を保障することで、封建制に縛られた人々を解放し、自律的な個人の前提となる制度的基盤を構築することであった。現代の情報社会において、巨大なプラットフォーム企業による個人データの囲い込みが進みつつあるなか、データポータビリティの権利は、個人の幸福、ウェルビーイングを実現していくうえでの不可欠の前提となるのではないだろうか。

2.4

Japan

日本とウェルビーイング

ウェルビーイングのあり方は、良くも悪くも、その土地の人間観・社会観・自然観に影響を受ける。本書読者のほとんどは、日本に何らかの関りのある人々であろう。本節では、日本という価値観の輪郭に、その伝統や哲学という視点から再び光を当てる。日本人は、ロジックで分解するより、大局的な視点や直観的なやり方でものごとを理解する。日本語には、お互いの言葉を受け容れながら、1つの文を生成していく「共話」という対話のフォーマットがある。日本の社会は、「わたし」の差異を強調して構成されるよりむしろ、自他の境界の曖昧さを内包しつつ、「わたし」の共通点から「わたしたち」をつくりあげる傾向がある。これらの特徴が、どのように「わたしたち」のウェルビーイングへとつながりえるのか、その背景をより深く知ることができるだろう。

Japan

「日本的ウェルビーイング」を理解するために

石川善樹
（構成：編集部）

「ウェルビーイング」という言葉の語源は、「being（本質）」と「well（満足の）」だ。しかし、この「満足」をどれほどの時間軸で捉えるかは難しい。たとえば、今日という一日の単位で考えれば、嫌なことはないに越したことはないだろう。一方で、長い人生で考えると、山あり谷ありの方が良いこともある。このように、満足の意味は時間軸で変わるという点もふまえつつ、「日本のウェルビーイング＝満足の本質」を考えてみよう。

第二次世界大戦後、日本経済は右肩上がりに伸びてきた。では、日本人の生活満足度・人生満足度はどうだったかというと、実は平行線だ。戦後行われてきた国民生活選好度調査によると、生活の満足度には変化はないという。「戦争」「貧困」「病気」の三大苦が大きく改善されても、意外なことに満足度への影響はなかったのだ。

ならば、戦争のような一時的変化ではなく、100年、200年続くような本質的な3つの「変化」に注目してみよう。1つ目は「人生100年時代」だ。これまでの健康づくりは、早死にしないことに主眼が置かれていたが、100歳まで元気に生きるにはどうしたらいいのかが問われていくだろう。2つ目は、世の中のAI化が及ぼすインパクト。3つ目は、都市化だ。かつて、これほど知らない人に囲まれて生きる社会はなかった。そんな都市にいると、知っている人の元へ、つまりスマートフォンの中に逃げ込みたくなる。こうして、物理的には知らない人に囲まれ、知っている人の世界はスマートフォンの向こうにあるという不思議な構造が生まれたのだ。

「理解」を理解するために

では、そんな時代における日本的ウェルビーイングとはなんだろう。ここではいったん本筋を離れ、そもそも「理解」とは何かを考えてみよう。

理解には3つの形態がある。1つ目は、分解して再構築すること。物事を「ロジック」で捉えるこの手法は、デカルト以来400年間続く西洋的アプローチであり、今回のコンテクストで言うならば「ウェルビーイングという捉えがたいものをどう分解するのか」という話になる。ただし、このアプローチは比較的単純な物事にしか通じない。物事が複雑になると、たとえ分解はできたとしても再構築することが難しいからである。複雑な物事を考えるときに有効なのは、物事を本質で捉える「大局観」的手法だ。これはほとんどのことをノイズとして取り除き、本質だけを理解すればよいというアプローチである。さらに、西洋的な「ロジック」に対して日本人が得意とするのは3つ目の「直観」による理解だ。つまり、「見ればわかる」というアプローチである。

「ロジック」「大局観」「直観」――それぞれの観点で、ウェルビーイングとは何かを考えていこう。「ロジック」によるアプローチでは、まずウェルビーイングを測定し、要因を分析する。測定に関しては、国連が毎年150以上の国・地域を対象に行っている幸福度調査の結果をまとめた「World Happiness Report」[*1]が参考になるだろう。ちなみに、2019年の報告書で日本は58位だった。この調査における幸福度と最も関連が高いのは「一人当たりのGDP」で、収入や年収が上がるにつれて幸福度は上がるということになる。さらに関連度が高いものは2番目に「困ったときに頼れる人がいるか」、三番目に「平均寿命」、四番目に「自分の人生を自由に選べる感覚」と続く。しかし、こうした観点からウェルビーイングを理解するのは難しい。たとえば、20世紀で最も研究された病である心臓病には、かかりにくい人の特徴として「高収入」「友達が多い」「非喫煙者」など、マクロ、メゾ(マクロとミクロの中間)、ミクロを合わせて100個以上

＊1　https://worldhappiness.report/ed/2019/

の要因が明らかになっている。それにもかかわらず、いまだに発病する理由の半分も説明できていない。仮にすべての要因を理解しても、それらの相互作用が複雑すぎて制御不能になり、データを使って何かをしようとしてもモグラ叩きになるだけで、叩けば叩くほど新しい問題が出てきてしまうからだ。そう考えると、ウェルビーイングをロジックとして理解することは難しい。

ならば、「大局観」で理解するアプローチはどうだろうか。まずはこの手法を、狩野派が描いた『洛中洛外図』という絵画を例に考えてみよう。京都の街を描いた本作は、橋や衣服、履き物といった各要素は非常に細かく描かれている一方、絵画全体で見ると大部分が雲で覆われている。この不思議な構図の裏にあるのは、ある種の「ごまかし」だ。日本の画家は、京都とは何たるかを要素ごとに分解して再構築することは不可能だと判断した。そこで、ビッグピクチャーとしての京都と、いくつかのディテールを描き、その間を「間（ま）」としてごまかしたのである。実は、これは物理学者がよく使う手法でもある。ビッグピクチャーとディテールの間を行き来しながら現象を理解していくと、物の見方がやがてロジックから解放されていくのだ。

人生とウェルビーイング

では、人生をビッグピクチャーとして捉えるとはどういうことか？　私は人生を春夏秋冬にな

上杉本　洛中洛外図屏風　右隻（米沢市上杉博物館所蔵）

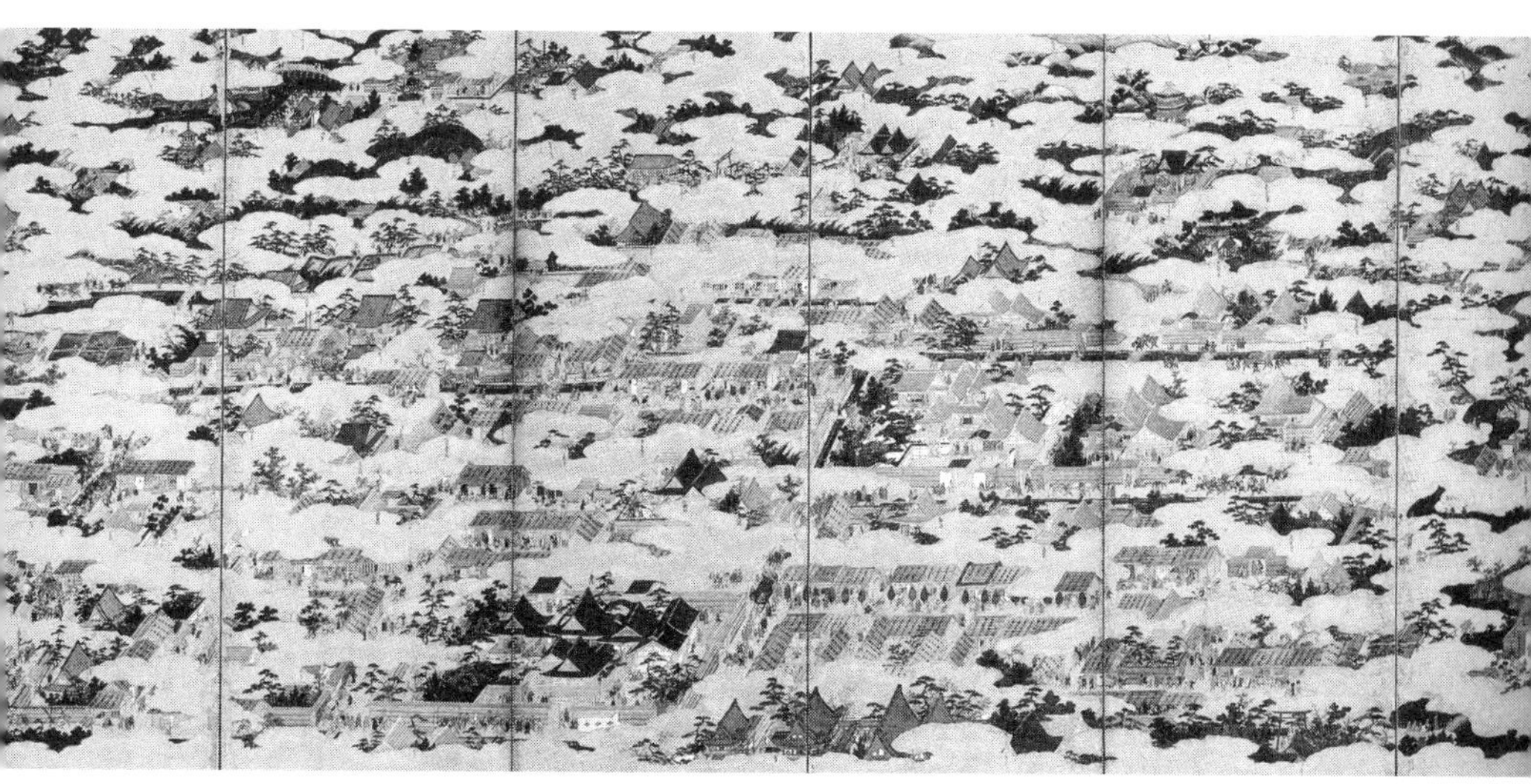

上杉本　洛中洛外図屏風　左隻（米沢市上杉博物館所蔵）

ぞらえる昔ながらの考え方に則り、100年の人生を25年ごとのビッグピクチャーに区切るのがよいと考える。人生最初の25年は、肉体的に成長する「春」だ。次の25年は、精神的成長が進み、働きながら家族を扶養する「夏」。さらに、肉体的にも精神的にも成熟した「秋」になると、人生100年時代の本番がやってくる。たとえばノーベル賞受賞者を考えても、研究者たちが受賞のきっかけとなる研究を始めた年齢はおよそ40歳から50歳だと言われている。また米国で雇用を生んでいるベンチャー企業は、社会経験もスキルも人脈も築いた50歳前後の人間が創業していることが多い。50歳までに蓄えた力を使って、本当にやりたいことを始めるのがこの秋なのだ。さらにこの時期に働いて築いたものが、「冬」である75歳以降の自分を支える基盤となる。

3つ目は「直観」による理解だった。「見ればわかる」が大切なこのアプローチでは、ロールモデルを見つけたもの勝ちだ。私は高校生の頃からヘルマン・ヘッセの作品の主人公のように生きたいと思っていたし、『さんまのご長寿グランプリ』というテレビ番組に出ていたあるおじいちゃんを観て「これだ」と感じたこともある。これが、直観的理解というものなのだ。

最後に、前述した3つの本質的変化にどう適応していくかを考えよう。まず人生100年時代とは、修行期間の延長ということでもある。ここで問われるのは、長きにわたって自分というものをどう動機づけるかだ。また2つ目のＡＩ化では、クリエイティブな思考が問われるなか、「そもそも考えるとは何か」を考えることが重要になってくる。最後の都市化については、人類の脳がまだ多様な人との共存に慣れていないということを覚えておかねばならない。いかにこの状態に慣れていくかが、ウェルビーイングのカギになるだろう。加えて特に日本で重要なのは、社会保障の観点だ。医療・介護・年金で、大きく世代別の割り当てをみると、子ども世代20兆・現役世代20兆・高齢世代90兆という数字が浮かび上がる。こうしたウェルビーイングの推進がいかに財政安定化、社会保障に寄与するかを、今後必ず考えなければいけない。そうでなければ、ウェルビーイングを国全体として進めることにはならないのだから。

2.4.2

Japan

「もたない」ことの可能性：和と能から「日本的」を考える

安田登

（聞き手：ドミニク・チェン、矢代真也一構成：編集部）

日本的ウェルビーイングについて考えるために、まず「わたし」ということについて考えてみたいと思います。

先年、俳人の黛まどかさんが大学生たちに俳句を教えるために、一年間パリに滞在されていたことがあり、そのまとめの会の対談に招かれました。そのときに、黛まどかさんがもっとも苦労したことが、学生の句の中から「わたし（je）」を取り除くことだというお話をされていました。彼らの句にはどうしてもが「わたし（je）」が入ってしまう。「わたし（je）」そのものはなくなっても、たとえば「雨」を詠めば、「その雨は私の心の象徴で」のような話になる。なかなか、「わたし」という意識から離れられないというのです。

お隣の国の中国語を見てみます。中国語には、咱們（ツァンメン）と我們（ウォーメン）という微妙に違いがある代名詞が共存しています。両方とも英語でいうとWe、つまり「わたしたち」です。しかし、特に北方においてはこの両者に違いがあります。我們の場合は、聞き手が含まれない「わたしたち」です。それに対して咱們には聞き手も含まれ、「ここにいるみんな」というニュアンスが付加されます。会話を受けて、「じゃあ、みんなで行こうか」という場合に使われる言葉です。コンテキストのなかで、そこにいるひとり一人が意識されるように発話される、主体と客体が混じった少し不思議な表現です。

では、日本での「わたし」はどうでしょうか。

高校の古文の授業で『源氏物語』を学んだときに、主語の少なさに悩まされた方も多いのではないでしょうか。動詞の形によって主語が推測できる言語では、主語が省略されることはよくありますが、日本語はそういう言語ではありません。しかし、『源氏物語』のような平安文学は、文脈と敬語によって主語を推察することが期待されているために、主語の多くが省略されます。

さらに時代が下り、中世の能になると、文脈からも敬語からも主語が特定しにくく作られるようになります。わざと主語がはぐらかされ、「わたし」も「あなた」もなくなり、主客が融合してしまうのです。

能の中の主客の融合は、日本語に特徴的な「共話」という会話形態によって引き起こされます。「共話」というのは、たとえば朝、ちょっと大きな地震があったとします。昼に会った二人のうち一人が「今日の地震ね…」というと、もう一人がすかさず「大きかったよね」と言って、二人でひとつの文（「今日の地震、大きかったよね」）が作られる。このような会話形式を「共話」といいます。このような「共話」は、相手の発言を途中で遮ってしまうので欧米圏ではあまりよくないこととされているようです。しかし、日本ではこれができない人の方がコミュニケーションに問題があると思われたりもします。

能という芸能には、この世の人間である「ワキ」という役と、この世ならざる存在である「シテ」という役が登場します。この両者は住んでいる世界だけでなく、住んでいる時間も違います。ワキが私たちと同じく、過去から現在、そして未来へと進む「順行する時間」の中に住んでいるのに対し、シテはいまの時間を過去へと引き戻そうとする「遡行する時間」の中に住んでいます。住む世界も、住んでいる時間も違う二人。最初、二人の会話は当然噛み合いません。しかし、あることをきっかけに二人の間に共有する《何か》が出現し、その《何か》をきっかけに二人の会話は「共話」となっていきます。共話によって融合しはじめた二人の会話は、それが進むとお互いに発する語数が減ることによって、それはさらに促進され、ついにはどれが誰の発言なのか全くわからなくなる。自他の境界は溶けあい、そして最後には彼らすらも消えてしまったような感覚を観客に与えます。二人は、彼らを取り巻く環境、すなわち景色と一体化するのです。

そこまでいくと、「あなた」に対する「わたし」が消えるだけではなく、「わたし」そのものも消えてしまいます。彼我の時間の差も越えて、現在と過去が統合される「いまは昔」が出現するのも特徴です（能ではこの状態をよく「夢」と表現しますが、しかしここでいう夢は、私たちがいまイメージする「個人の無意識の産物」としての夢とは違い、集合的(コレクティブ)な世界としての「夢」なのですが、この話はまた違う機会にすることにしましょう）。

相違よりも共有を見出す「共話」という方法によって、住む世界すらもまったく違う両者は融合していき、「わたし」は消滅していくのです。

「和を以て貴しと為す」

この「わたし」の希薄性は、近代以降、日本人の精神の幼さとして批判の対象になってきました。「わたし」が希薄であるがために、個人というものが確立せず、なんでも人のいいなりになる付和雷同が日本の国民性だというのです。

日本は「和の国」と呼ばれます。この「和」は、付和雷同の「和」と同じものなのでしょうか。日本が「和の国」だと言われるのは、聖徳太子の十七条の憲法の「和を以て貴しと為す」の発言に由来するところが大きいでしょう。しかし、太子のこの発言は彼のオリジナルではありません。中国で書かれた『論語』の中にある「和を貴しと為す」の言い換えです。

聖徳太子の「和を以て貴しと為す」と『論語』の「和を貴しと為す」はとても似ていますが、しかし『論語』の方は、その前に「礼の用は」という言葉が置かれ、「礼の用は和を貴しと為す」と書かれています。「和」を成立させるためには「礼」の作用が必要だというのが『論語』の考え方です。

それに対して聖徳太子は、「和」そのものが貴いというのですが、『論語』や太子の使う「和」という語は、いま私たちがイメージする「和」とは少し違います。「和」の古い字形は「龢」です。これは、さまざまな音の楽器を一緒に演奏するというのが原義です。そこから、さまざまな人がさまざまな意見を出したり行動しながらも、そこに調和を見出すという意味が生まれました。しかし、皆が自由に意見を出したり行動したりすると、「おれが、おれが」となり、ややもすると混沌状態に陥りがちです。そこでそれを統制するために「礼」、すなわち秩序が必要だというのが『論語』の考え方です。

それを聖徳太子は「和」そのものが大事であるという思想に変化させました。わざわざ「礼(秩序)」を導入しなくても、「わたし」を捨て、相違点よりも共通点を見出す「共話」を会話の基本とする日本人は、そこに混沌が生じるおそれはないと聖徳太子は思ったのでしょう。

議論においても「和の議論」というものを大切にしてきました。これはどちらの意見が優れているかを争うディベートとは正反対の議論です。「和の議論」は、それに参加した成員が自分の用意した意見を手放すところから始まります。まずは「わたし」を捨てます。そして、話し合いを続けながら、個人では到達しえなかった、まったく新しい高度の知見、「三人寄れば文殊の智慧」が出現するのを、じっくり、ゆっくりと俟つ。それが「和の議論」です。

さて、もう一度「付和雷同」に戻りましょう。孔子は、「君子は和して同ぜず、小人は同じて和せず」といい、「和」に対する概念として「同」を提示しました。「同」とは皆で同じことをすることです。普通の人（小人）は、どうしてもみなと同じことをやりたがる。これが「付和雷同」です。

「和」にとって必須の「わたし」の希薄さは「同（付和雷同）」を誘発します。そして、残念ながら現代日本の「和」の多くは付和雷同なっていますし、強い人の意見に反対しないのが「和の会議」だと思われています。しかし、それは「和」ではありません。孔子のいう小人の「同」です。

「和の議論」を成立させるためには「小さな声」が大切です。ともすれば、押しの強い人や大きな声の人の意見が通るということが会議ではよくあります。それではディベート的な議論や、小人の「同の議論」になってしまいます。自信なげにぼそっと発言する、小さな声を掬い取ることが「和の議論」にとって、もっとも大切なことのひとつなのです。

鎌倉時代に「生まれ変わった」和歌

「和」は文学においても大切でした。

日本の詩である「和歌」は、文字通り「和する歌」です。誰かに歌いかけられたら、それに「和する(応える)」ことが求められていました。歌の中に「和」の話法が内包されているのです。

『卒都婆小町』という能があります。絶世の美女といわれた小野小町がシテ(主人公)の能です。しかし、この能の中の小町は醜く年をとった乞食の老女です。老残の姿を晒して人々から蔑まれ、また彼女との思いを遂げられずに憤死した深草少将の亡霊に憑依されて狂気になったりします。彼女がそのようになってしまった理由は、深草少将から贈られた歌に返歌をしなかった罰であると能では語られます。歌を詠みかけられたら、和する(応える)、それが和歌の基本ルールなのです。

しかし、そのような「和する歌」も時代とともに変化をしていきます。平安末期から鎌倉初期に活躍した歌人である藤原定家は、そのルールから(美しく)逸脱します。藤原定家の歌は、それだけで完璧で、どこにも和する余地がない。その完璧さは、芸術として高いものではありますが、「和する歌」の伝統を破壊するものでもありました。それを「絶歌」と評する人もいます。しかし、定家の出現によって、和歌はいよいよ「絶歌」として完成するようになり、和歌から「和」

の性質が失われていきます。

とはいえ、私たちは「和」が好きです。和歌が「和」の性質を失っていったがために、「和」の性質を継いだのが「連歌」であり、そして「俳諧の連歌（連句）」です。そして、それを行う場としての「座」も生まれてきます。座というシステムは、平安時代までの「和歌」が成立しなくなったがために、「和」が含まれる歌を生み出そうとした試みだったのでしょう。

能という「不在」のシステム

藤原定家が活躍したのは『平家物語』の戦乱の時代です。そのあとにも『太平記』で描かれるような戦乱の時代が続きました。そしてそののち、室町時代に入って世阿弥という天才が現れました。能という芸能を大成した彼は、和歌の破壊者である藤原定家の歌を愛してやみませんでした。世阿弥は能の最高の境地のひとつを藤原定家の歌で表現しました。

「駒とめて 袖うち払ふ かげもなし 佐野のわたりの 雪の夕暮れ」

馬を停めて、袖に降り積もっている雪を払っている。そんな姿もない雪の夕暮れ、と定家は詠います。定家は「ないもの」をよく詠うのですが、本居宣長などは「ないならば、わざわざ歌う必要はないじゃないか」と批判しました。しかし、この「ないもの」を詠うことこそ世阿弥が重視したものであり、日本的ウェルビーイングを考えるうえでも重要なヒントになります。

定家のこの短歌を、私たちも「歌」として聴いたと想像してみます。まず題として「雪」が示されます。聴者が「ああ、雪の歌が詠まれるんだな」と思っているところに、「駒とめて」と節を付けてゆっくりと詠まれていきます。聴いている人の脳裏には、雪の降りしきる中、馬を停めて立ち止まる人の姿が浮かびます。やがて、彼は袖に降り積もる雪を、手でサッサッと払い落とす……と、そこまで脳裏に浮かべたときに、突然「かげもなし」と、その姿を否定されるのです。しかし、一度想像したものはどんなに否定しても残ります。ソフトフォーカスをかけた彼方に拡がるような縹渺（ひょうびょう）たる景色、それがこの歌が提示する風景なのです。

何もない、そんな「不在」の状況が、風景のなかに溶け込んでいます。空間的な「何もなさ」こそが能であり、そしてその不在を愛することこそが、乱世のなかで世阿弥が至った境地なのです。

何もない。が、確かに「ある」のです。

能には、「せぬ隙（ひま）」という概念があります。「何もしないあいだ」という意味です。能の動作は「静止」を作るためのものです。また、能の囃子(音楽)を聴いていると「音というのは、音と音の間の無を作るもの」だということがわかるでしょう。音そのものに意味があるのではなく、音とは「無」を作るためのものなのです。それは能舞台上に大道具や小道具などを置かないために、観客が何でもそこに投映できることとも似ています。空虚空間だからこそ、そこには何でも見ることができる。禅庭における「枯山水」も同じですね。何もないからこそ、鑑賞者は自身の脳内ARを発動させ、空間をAR的に読む。そんな余地を残した設計であるといえます。

また能や和歌を読んでいくと、日本人の「感覚」というものが、いまの日本人のそれとずいぶん異なっていたということに気づきます。一言でいうと、五感の区別があまりないのです。藤原定家は、自分の袖の上で「梅の匂い」と、軒漏る「月の光」とが妍（けん）を争っているというような歌を詠んでいます。彼にとっては匂い（嗅覚）と光（視覚）が同一平面にある、ある種の共感覚的な感性です。そこには五感というふうに感覚を区別するような視点や客観的な視点もなければ、さらに過去、現在、未来を俯瞰する視点も存在しません。あらゆる「区別」がないのです。これも「無」です。そしてそうであるならば、他人と比較して不安になることもないし、過去を後悔し未来を心配がる必要がないでしょう。

世阿弥の完成した能や、あるいは芭蕉によって完成された俳諧のことを、高浜虚子は「極楽の文学」と呼びました。この世は見ようによって、考えようによってどこでも極楽になりうる。それは世阿弥が「何もないから、何でもありうる」という境地に至っていたことにも通じます。また、江戸時代の俳諧師たちも、世の中を「俳諧（ユーモア）」で読み直す、俳諧的生活と呼び得る人生を目指しました。これは、いわゆるポジティブシンキングとは違います。その境地に至るには禅や能の稽古、あるいは俳諧の修行などを通して、「わたし」を捨て、集合的な存在と一体化するための修行が必要です。「色即是空、空即是色」です。

それによって得られることが、日本的なウェルビーイングのひとつのかたちなのではないでしょうか。

能における制限と自由

世阿弥の著作を読んでいると、自分が死んだあとの世界で自身の作品がどう感じられるかを考えていて驚かされます。当時の芸能者には、そのような巨視的な視野をもつ人はいませんでした。これは現代にまで受け継がれています。たとえば能の楽器においては、少なくとも５００年くらいのスパンで価値を捉える必要があります。１００年前に作られた楽器は、新しい楽器として扱われるのです。もちろん、それは単純に「古いからいい」ということではありません。

世阿弥は「初心忘るべからず」ということを言っています。「初」という字は、着物を作るときに、布地に最初に刀（鋏）を入れることを表す漢字です。進歩をするためには、そのように過去をバッサリ切る必要がある、それが「初心忘るべからず」です。能もそのように何度も何度も過去を切り捨て、新しいかたちに変容してきました。現代上演されている能は、世阿弥が作った当時のものとはだいぶ違ったかたちで演じられていると言われています。しかし、それでもそれが能であることは疑いようがありません。それは、3才の頃の自分といまの自分は全く違うけれども、自分であることは変わらないのと同じです。もしかしたら、この考え方は「わたし」というアイデンティティに関しても拡張できるかもしれません。現在と過去、そして未来をつなぐ複層的な意識があり、それは日々「初心」によってアップデートされながらも、継承されていく。それが世阿弥の「初心忘るべからず」です。

また身体についていえば、「制限のあるなかにこそ、自由がある」という考え方があります。能というのは身体で表現する芸術なので、「身体」という物理的な制限を常に抱えています。ただ、能ではそんな制限にこそ自由があると考えます。

たとえば、歴史のなかで能の衣装は、どんどん硬く、重くなっています。これは、あえて身体の制限を作るための変化でした。

また、世阿弥は「無主風」と「有主風」というようなことを言っています。能の稽古は徒弟制で、師匠と一緒に過ごしながら、師匠の芸のみならず、色々なことをそっくりそのまま真似します。その時の芸は、「無主風（主体性のない芸風）」といわれ、そのままでは駄目だといわれます

（ただし、その無主風を身に着けるまでに最低10年かかるのですが……）。

それがある瞬間に「有主風（主体性のある芸風）」となり、ここで初めてその人の役者としての人生が始まります。この無主風から有主風に変わることができるのは、とりもなおさず、身体に「制限」があるからなのです。

ここで、完璧なＡＩと完璧な身体的機能を搭載したアンドロイドがいると想像してみましょう。脳にも制限のない、また身体のあらゆる関節には完璧なプロプリオセプターを備えたアンドロイド君です。アンドロイド君には疲労や忘却がないので長時間の稽古にも耐えることができ、そして完璧に覚えます。おそらく彼は人間よりも早く師匠の動きを習得することができるでしょう。

しかし、それでも師匠の完璧な真似はできません。なぜなら師匠は日々、変化しているからです。彼が到達できるのは、「過去の師匠」の真似だけです。また、アンドロイド君は、どんなにうまく真似をしても、師匠の真似、すなわち「無主風」から脱することができません。

それに対して人間には制限があります。師匠から2時間の稽古をしてもらっても、その帰路、多くの人は10分の1も覚えていないでしょう。実はこの忘却こそが大切なのです。人間は、その忘れた分を自分の過去の体験や蓄積した経験としてのストックで、「補う」ということをします。しかも、それを意識することなく行なっています。無意識を総動員した補いをします。むろん、最初の頃は大した補いはできません。しかし、そのストックが充分に蓄積されたとき、その補いはただの補填を越えます。師匠とは違っていながら、しかし皆が納得する芸がそこに出現するのです。

また、このストックは静的なものではありません。師匠から教わったことの蓄積や、彼の過去のさまざまな経験の集積が、脳や身体の中でさまざまな次元で縦横にからみあい続ける動的なストックです。これこそが有主風に変容するための原材料となります。能ではそのストックの期間を最低10年と考えますが、その期間は人によって違います。10年でも終わらない人もいれば、もう少し早く沸点を迎える人もいるでしょう。それでも、ストックがある沸点を越えたときに、無主風は突然、有主風に変容する。これがいわゆる個性となります。

無主風から有主風への変化は「制限」によってのみ実現されるのです。

能は空間でも同じように物理的な制限を設計してきました。標準的な能舞台は、三間四方と呼ばれる約5メートル×5メートルの正方形という小さな空間です。このなかで、すべての物語が進行していきます。天女が空中を舞いながら月に上っていくという様を演じたいとします。歌舞伎ならば天井から俳優をつり下げるという演出を行うかもしれません。しかし、それがどんなに巧妙に行なわれても、そこには天井という限界があります。対して能では、三間四方の狭い舞台をただぐるぐると回るだけです。この狭さは、観る人の脳内ARの発動を誘発して、天女が月まで飛翔する姿を観客は幻視するのです。空間に制限があるからこそ、精神が自由に飛翔できるというのが能の考え方です。

楽曲においても、時間軸を錯綜させた物語を作ったり、異なる物語を混ぜ合わせたりすることもありますが、これはお話するととても長くなるので、ここでは略しますね。能には自分はあの人かもしれないし、今は昔かもしれないという共話的な感覚、「わたし」を超越した「和（龢）」の感覚が背景にあるのです。

「所有」を捨てる

近ごろは日本古来の「和（龢）」という感覚が失われつつある気もします。

今年２０２０年はオリンピック、パラリンピックの年です。みんなで力を合わせてオリンピックを成功させようなどとテレビでは言っています。ＪＯＣは「全員団結プロジェクト」を立ち上げました。しかし、ここでいう「みんな」は本当に「みんな」でしょうか。「全員」には、オリンピックにさほど関心のない人も含まれるのでしょうか。それは「和」の「みんな」や「全員」なのでしょうか。

もう十年以上前から熊本県の益城という町の阿弥陀寺というお寺で寺子屋をしています。老若男女が参加する寺子屋です。益城は、熊本地震の震源地でした。寺子屋にいらっしゃる方にも被災された方が多くいらっしゃいます。その方たちがおっしゃるには、震災後4年以上も経つのに、まだ仮設住宅に住んでいる人が少なくないというのです。なぜそうなのかというと、復興住宅を建設する人たちの多くが、オリンピックのために東京に行ってしまったからだそうです。

オリンピックは本当に「みんな」のためのものなのか。オリンピックによって日本経済を発展させるという大きな声のスローガンのもとに切り捨てられる、小さな声の人たち。その人たちの声を大事にしてこその「和」であるはずです。

SDGsの目標の第一は貧困の問題の解決です。持てる人と持たざる人との格差は年々広がっています。この問題は、環境問題同様、ある日サチュレーション・ポイントを越えるのではないかと思います。そうなったときに何が起こるのでしょうか。

こんな時代に世阿弥と向き合っていると、人はそろそろ「所有」という概念から離れるべきときに差し掛かっているのではないかと感じます。それは単に、モノを捨てて経済的に軽やかに生きるという意味だけではありません。知的活動においても、知を所有していること、すなわち「知識」の多さはあまり重要ではなくなってきています。多くの知識はクラウド化され、万人に開かれているために、知りたいことがあると、すぐにネットで検索できるようになりました。人工知能の急速な発達は、「所有」している知識から新しい知見を生み出すという「知」という精神活動すらも、もはや人間を必要としなくなる可能性を示しています。

それで人がダメになるという人がいます。しかし、ＡＩやネットに譲り渡した脳の余裕こそが、世阿弥のいう「せぬひま」です。身体に制限があるからこそ、人が無主風から有主風に変わることができるように、「知」すらもＡＩにとってかわられた脳は、まったく新しい精神活動を生み出すかもしれません。そこで生まれる新しい精神活動は、いまの私たちでは想像できないほど豊かなものになるでしょう。

近年のシェアリング・エコノミーなどの流行は、人が「所有」という消費活動から離れつつあることを示しています。もともと「わたし」にこだわらない、「和」の日本的ウェルビーイングは、そのような社会を主導しうるはずです。私たちは、昔の日本人の生き方を学び直す機会に来ているのではないでしょうか。

2.4.3

Japan

祈りとつながり、文化財と場所

神居文彰

（聞き手：安藤英由樹、渡邊淳司、石神俊大ー構成：編集部）

日本的なウェルビーイングとは、日本の自然観や四季観に寄り添ったものであるはずです。エスキモーと私たちの色彩認識が異なっていたり、タヒチに行ってゴーギャンが楽園を考えたりしたように、ウェルビーイングと「場」は深く結びついていますから。

日本はヨーロッパなどと異なり、台風や地震が多く、四季もあるので、常に自然が変化しています。つまりここには、移ろう自然である「無常」が横たわっている。こうした変化を人との連帯によって乗り越えていくところに日本的なウェルビーイングは生まれるのではないかと思っています。

日本人の感性は、常に変化にさらされ続けながら歴史を積み重ねるなかで作られてきたわけです。とりわけ文化財にはその実相が強く反映されているでしょう。建造物や工芸品、絵画のように形があるものはもちろんのこと、技のように無形のものも文化財に含まれますが、重要なのは、変わらないことではなく変化していること。逆にそれが途絶えてしまったら文化財ではない。日本人は、文化が変わっていくことを認めながら同時にそのあるがまま継承していくことを重視していたと言えます。

たとえば伊勢神宮は20年に1回、春日大社は70年にずつ1回、遷宮をします。それは「常若（とこわか）」であること、常に変わることで永遠に続く新しいものであることが実現できるからです。こうした歴史の積み重ね方は、人間そのもののあり方とも重なっています。生きていくなかで身体の細胞は死んで生まれ変わっていきますから。2歳、10歳、30歳と歳をとるにつれて細胞は入れ替わりますが、「私」は常に私のままです。変わり続けることが、変わらないことへとつながっていく。

それに近年は気候変動によって日本も徐々に熱帯に近づいているので、科学技術を使い、変わるものとして環境と調和しなければ生きていけません。たとえば20年前だったら能舞台の観客席にエアコンをつけるなんてありえないと言われたかもしれませんが、いまやエアコンがないと熱中症の危険も考えられ、健全な鑑賞もままならないでしょう。伝統も変わらざるをえない時代です。

変化に適応すること

加えて人口も確実に日本は減っていくことが予想されていますので、新たな科学技術を取り入れ、かつ異なるものを受け入れたりすることこそ社会を継続させていくことになるはずです。かつては経済も右肩上がりで成長し生活の水準も上がっていきましたが、これからは単にテクノロジーを進化させるだけでは成長できません。長いあいだ無条件に信じられてきた「成長」や「利便性」の有効性が失われつつあると言えるのかもしれません。人類はずっと成長していくことを追求してきたのですが、いまはむしろ、維持・保全することのほうが重要だと言えるかもしれません。江戸時代のような生活に戻すことで社会を維持することはできませんし、新たな維持のあり方を考えることは現代の人類に課せられた使命ではないかと思います。近年は持続可能性の重要性が高まっていて、日本でも東日本大震災以降にサステナブルなエネルギーについて議論される機会は増えていますが、そもそも日本は古来から「変化によって」持続可能性を実現してきたと言えます。だからこそ、いま改めて日本的なウェルビーイングに注目する必要性があるのだと言えます。

こうした歴史や文化の積み重ねは、ある種の曖昧さのうえに成り立っているように思います。規制がなかったからこそインターネットがこれだけ発展したように、明確な取り決めのない曖昧さは必ずしも悪いものではない。日本人の生活観ともそれは結びついていて、日本的ウェルビーイングはいい意味での曖昧さによってかたちづくられてきたとも言えます。他方で、欧米はもっときっぱりと線を引いて区切るようなところがある。こうした差異は、異常なネットワークを生んでいるとも言えます。これまでのネットワークは、概してツリー構造をとっている。ロジカルなツリー構造はわかりやすくはありますが、どこかが途切れたらそこから先は完全に断絶されてしまう。一方で、日本で古くから大切にされ、つちかってきたネットワークは、より多層的で、地下茎のようにどこかが切れてもまた別の部分とつながるような構造をとっている。そこに日本的な重層的多様性があると言えるし、日本のみならずアジアの宗教観にもつながっている。たとえば仏教には「ご縁」や「因縁」という考え方がありますが、それはまさに時空が遠く離れたものであってもすべてがつながっているというネットワーク感と不可分でしょう。

日本的なつながりを考える際に、近時はしばしば「絆」という言葉が使われています。たとえば東日本大地震のときなどは盛んに絆が重要だと言われていました。しかし、この言葉には強い束縛性があって、実は日本が育んできたウェルビーイングとかけ離れてしまっている。絆という言葉で人と人をがんじがらめにしてしまうことは、むしろ日本的なつながりと正反対の方向に進んでしまうように感じます。

ＳＮＳを見ればわかるように、現代はこれまでつくりあげられてきたつながりやネットワークが、その結びつき自体を壊していく社会になってしまった。

多くの人が自分が何者か表明せず自分の言葉だけを発信して、他者を理解せずに平気で傷つけてしまう。これはＳＮＳだけの問題ではありません。現代の戦争において重要とされたのは「いかに顔を見ないようにするか」だったわけですから。ＡＩの特長は「認承」と「分類」であり、ドローンによる爆撃など、近年はますます相手の顔を見ずに攻撃をすることが目指されている。これは戦争やテロだけの問題ではなく、コミュニケーションやネットワークのあり方に大きな影響を及ぼしているはずです。

異なる価値観を認めていくためには、他者の〝顔〟を見なければいけないし、自分の〝顔〟も相手に見せなければいけない。本来匿名なまま豊かなネットワーク(関係性)をつくるのは難しいのかもしれません。もちろん、ある種のデータ資本主義のように自分のあらゆる情報を人に見せなければならないわけではありません。

たとえば日本では信教の自由が確保されていて、そのなかには信教の匿名性も含まれている。何を信じているのかという自分の内面は秘匿していいものなんです。だから、近年構想が進んでいる拝観料のキャッシュレス化なども慎重な議論が必要でしょう。従来の現金はある種の匿名性が常に担保されていましたが、キャッシュレスになると追跡可能なものになるので信教の匿名性に踏み入ってしまう。ブロックチェーンのような新たなテクノロジーは、匿名性と表現のバランスを担保したネットワークが実現できる点で、精神的なもの、宗教的にも重要な技術になるものと言えそうです。

現代はこれらのバランスが崩れてしまっていて、重要な部分がすべて匿名的なものになっている。でも、本来自分が何かを表現するなら顔を見せなければいけないし、それこそが他者との信頼関係を生んでいくはずです。日本的なネットワークを社会に取り戻していくことは、"顔"を取り戻していくことだと言えるのかもしれません。

祈りと世界のつながり

仏教の因果や縁起思想が日本的なネットワークを育んだように、宗教とウェルビーイングは深く結びついています。なかでも「祈り」は非常に重要な宗教的振る舞いであり要素のひとつでしょう。かつてマルティン・ルターは神への祈りは人間と神のコミュニケーションと語っていたり、ウィリアム・ジェームズは人は祈らずにいられないから祈るのだと論じていて、一口に祈りといってもさまざまなものがありうる。雨を降らせるために祈るといったように、功利的なものもあるでしょう。ただ、わたし自身は、動作としての祈りこそがウェルビーイングにとって重要なのではと感じています。

単にこうなればいいな、なってほしいなと考えることだけが祈りではありません。たとえば「誓願」は願って誓うことで、祈りを自分が一歩踏み出すためのスタート地点にするようなところがある。一歩目がなければ二歩、三歩と前に進んでいけないわけで、動き出すきっかけとして祈りや願いがある。祈りとは精神だけを変えるものではなく行動とも深く結びついているはずです。行動し続けることが人間を作っていくわけですから。「われ思うゆえにわれあり」とルネ・デカルトは言いましたが、われ行なうゆえにわれありというか。考えることと行動すること、どちらもあってそのバランスをとっていくことが重要です。両者をつなぐあわい（間）にあるのが祈りだと言えるのかもしれません。

とりわけ日本において、祈りは自分のためや身近な人のためのみにあるのではなく、自然のためや神仏のために祈ることもある。この「誰かのために」という性質は日本的なものだと言えそうです。たとえば京都の比叡山で修行していた僧侶、最澄も、この精神を非常に重視していました。あなたのため、集団のため、地域のため、信じているもののため……と拡張させていって、ひいては地球や宇宙までたどり着かせる拡張感。その後この地で、法然や親鸞、日蓮や一遍など多くの宗祖が生まれていったのは、天台宗の開祖である最澄が「誰かのため」を常に実践していたからでしょう。

それは強制でも自己犠牲でもなく、日本の人々は祈りを通じて精神の面でも行動の面でも他者との関わり方を見つけていくようなところがあり、日本で言霊というものが重視されるのも、言葉を伝え、誰かがそれを聞き、また他の誰かに伝えていくというように他者とのつながりに重きがおかれているからでしょう。

文化財とデータ

文化財とは、ある意味こうした祈りのつながりを表現したものでもあります。国が指定している文化財だけではなくて、地域の文化財もそうです。文化庁は「特別な場所(unique venue)」という表現を使っていますが、誰にとっても特別な場所があり、それを文化財として守っていくことが重要でしょう。ただ、重要だからといってライトアップしたりイベントを開いたりすればいいわけではない。きちんと残していくシステムを作る必要性があるわけで、これからはそこにテクノロジーが組み込まれて活用されるのです。たとえば文化財の3Dデータ化など、メディアを変えながら残されていくものも出てくるはずです。

とはいえ、何から何でもかんでもデータ化すればいいわけではないことには注意すべきでしょう。当たり前ですが、物理的な存在とデータはどうしても違った存在になる。データ化されることによって極めて長い間保存できることは大きな価値をもちますが、物理的な存在のもつ役割は異なったところにある。たとえば京都の高台寺はアンドロイド観音「マインダー」を作りましたが、それがこれまでの仏像とまったく同じ役割を果たせるかというとやはり難しい。物理的な存在が現前することの価値、意味もあるからです。よく末期医療でも、「いること＝プレゼン」そのものが価値をもつといわれます。動作と対話に意味をもつアンドロイドとは真逆です。

このように、異なるものの異なる役割を認めながら多様性を担保していくところに日本的なウェルビーイングの可能性があるのだと思っています。日本がもつ天然の無常観、そしてそのなかで変化しながら生きていくこと。日本的なネットワークのなかで、わたしたちは他者と相互につながりあっていて、そのつながりは切り離すことができない。そこで他者を否定するとネットワークが断絶され崩れていってしまうので、異なるものを認めていく必要が出てくるのです。ひとくちにウェルビーイングといっても人それぞれ「幸せ」の意味するものは異なっているし、一人ひとりが果たせる役割も異なっているはず。それらすべてを包摂していこうとする姿勢にこそ、日本的なウェルビーイングの可能性があるのではないでしょうか。そしてその実践のひとつの表れ方として、さまざまな文化財のありようを考えていくことは、日本的なウェルビーイングの可能性を考えていくことともつながっていくはずです。

2.4.4

Japan

「われわれとしての自己」とウェルビーイング

出口康夫

自己とウェルビーイング

「自己(self)」は、古今東西の哲学にとって重要なテーマである。「自己とは何か」という問いに対して、哲学者はこれまでさまざまな回答を与えてきたし、現在でも与え続けている。なかでも、多くの哲学者によって支持されている回答のひとつが「人生の主体」である。人生という起伏に富んだ物語(ナラティブ)を紡ぎ出しつつ、自らその主人公として、その只中で日々の生を営む者としての「自己」。これが、現代哲学で「ナラティブセルフ」と呼ばれる自己像である。

人生には、物事がうまくいくときも、そうでないときもある。物事がうまくいっている状態は、しばしば「ウェルビーイング」と呼ばれてきた。ウェルビーイングとは、何よりも人生の一定の状態を指す言葉なのである。すると、人生の主体である自己はまた、ウェルビーイングの主体でもあることになる。ウェルビーイングとは自己の一状態なのであり、ウェルビーイングを持つ（ないしはウェルビーイングである）ものとは自己に他ならないのである。この意味で、自己とウェルビーイングは切っても切れない関係にある。自己を問うことは、ウェルビーイングを問うことでもある。

東アジア的「真の自己」

上で述べたように、これまでさまざまな文化圏・文明圏で多様な自己像が語られてきた。東アジアも例外ではない。「東アジア的自己観」と一口で言ってもその内実はさまざまだが、特に、デカルトやカントに代表される西洋近代哲学の自己観に比べると、その特徴は、脱個人主義的で「弱い」自己を標榜した点にあると言える。

西洋近世哲学にとっての自己は、何よりも、他者やまわりの環境や世界から明確に切り離され、孤立した「個人」であった。それに対して東アジアの思想家たちは、何らかの仕方で、自己に被せられたこの「個人」という殻を破る努力を続けてきた。

また、西洋近世の自己は、場合によっては、世界を構築したりすべての物事に意味や価値を付与するという極めて強力な権能を与えられてきた「強い自己」でもあった。またそこでは、自己はしばしば世界の中でも最も基礎的な存在者、たとえば「実体」として捉えられてきた。対照的に東アジアでは、自己の実体視を避けつつ、世界構築や意味・価値の付与といった「強い」権限を持たない「弱い自己」像が提案されてきたのである。

このような脱個人主義的で「弱い」東アジア的自己像のひとつに、主として老荘思想や禅を中心とする仏教の思想のなかで語られてきた「真の自己」がある。この真の自己の特徴として、ここでは「全体論性」と「身体行為性」の二つを挙げておこう。

全体論的自己とは、ざっくり言って、世界ないしは森羅万象と同一視された自己である。たとえば老荘思想の古典のひとつ『荘子』斉物論編では、自分自身のことを忘れ、「万物」と一体化した自己について語られている。この自己はまた、全自然がおのずと奏でる調(しらべ)――荘子の言う「天籟(てんらい)」――に耳を澄ます、いや、その調そのものと一体化する「我」でもある。世界と一体化したこの全体論的自己は、その後、禅思想に取り入れられ、禅詩人・蘇東波の有名な詩句「万(ばん)象之中獨露身(しょうしちゅうどくろしん)」において「森羅万象として現れている身体としての自己」として表現されることになる。また、「自己自身によってではなく万象によって修証される(悟りを開かされる)自己」について語る道元も、同様の全体論的自己観にコミットしていると言える。

一方の身体行為的自己の源泉のひとつは、禅のテキストに繰り返し現れる「心身一如」という思想である。心や意識、ひいては自己と身体との一体性を説くこの考えは、これまた道元において「身現（しんげん）」という仕方で概念化されることになる。身現とは、世界の真のあり方（実相（じっそう））を意味する「仏性（ぶっしょう）」——より具体的には万物の無常性——を、座禅などの修行に打ち込む身体行為によって端的に表現することを意味する。さらに言えば、身現とは、自己が世界の実相を表現するその身体行為になりきるさまをも表している。端的に言って、それは世界の実相と一体化した、身体行為そのものとしての自己なのである。このような道元の考えを受けて、京都学派の創始者である西田幾多郎は「行為的直観」なる言葉を編み出した。これは、禅の修行というより、大工による建築作業といった、社会の只中で行われる「身体を使った生産行為」そのものとしての真の自己のあり方を意味する概念である。道元も西田も、自己を身体と同一視した禅思想をさらに徹底することで、自己をその都度の身体行為に還元する身体行為的自己観を打ち出したのである。

「真なる自己」のウェルビーイング

このような真なる自己が享受するウェルビーイングもまた、当然、全体論的で身体行為的なあり方を持つことになる。それはたとえば、荘子の言葉で言えば、全自然がハーモニーを奏でている状態、そしてその天然の合奏に耳を傾けつつ、自らもその合奏に加わる自己のあり方だと言うこともできる。また道元や西田ならば、全自然の調を体現するその都度の身体行為になりきることこそウェルビーイングだと言うだろう。

「われわれ」としての自己

以上、東アジア的な真の自己と、そのウェルビーイングについて見てきた。そこには、たとえば全体論的で身体行為的という明確な方向性を持ったビジョンが骨太に語られていた。だが、その語り口は多くの場合比喩に留まっているし、そこで用いられる概念やロジックも、現代の我々にとって必ずしも身近なものではなかった。したがって、これらの先人からのメッセージを現代の社会でも活かすためには、我々はそれを現代の概念や論理の水準を満たす仕方で再編成しなければならないのである。このような問題意識のもと、私は東アジアの真の自己を、全体論的で身体行為的な現代的自己観、すなわち「われわれとしての自己」観として哲学的に再生する作業に取り組んでいる。以下では、この新たな自己観と、そのような自己のウェルビーイングのありようを素描しておこう。

行為者性の委譲

まずは、「自己」とは「身体的行為の行為者（エージェント）」であると考えてみよう。この考えによれば、身体を動かして一定の行為を行う主体こそが自己であるということになる。言い換えると、自己とは、身体行為の行為者性（エージェンシー）を持つものなのである。

では、我々はこの行為者性を独占ないし占有できているのだろうか。私の答えはノーである。たとえば、数日間手足が麻痺して動かせなかったが、ある朝突然再び動かせるようになった状況を考えてみよう。この場合、私は、「いかにして再び手を動かせるようになったのか?」と聞かれてもうまく説明できないはずである。たとえば「麻痺していた間は使えていなく、今再び使えるようになった、手を動かす"コツ"があれば教えてくれ」と言われても、答えに困るのである。

このことは、我々は手を動かす際に、身体のメカニズムとその支障のない作動を——それを完全にコントロールできないまま——前提し依存せざるをえないでいることを意味する。言い換えると、我々は身体を動かす行為者性(正確に言うとその一部)を、身体やそのメカニズムに(うまくいく保証がないまま)「委譲(entrust)」せざるをえないでいるのである。

このことは他のすべての身体行為にも当てはまる。たとえば自転車に乗るという行為を考えよう。この場合私は、私の身体のみならず、自転車の機械的メカニズムとその問題のない作動、さらには私の自転車走行を支える(ないしはアフォードする)さまざまな社会的なインフラや環境要因に、自分の行為者性を委譲しながら、自転車漕ぎという行為を行っているのである。

結果として、行為者性を委譲された多数のエージェントが、一つの身体行為に関わっていることになる。言い換えると、すべての行為に対して、多数のエージェントからなるマルチエージェントシステムがその都度成立していることになるのである。このシステムには、当然個人的な意識的・心理的自己である「わたし」も含まれる。だがこの「わたし」は、行為者という点では他のエージェントと何ら変わるところがない。一方「わたし」は、行為者性の「委譲者(entruster)」であるという点では他のエージェントから一線を画す存在である。他のすべてのエージェントは「わたし」から行為者性を委譲される、単なる「被委譲者(entrustee)」にすぎないからである。この点で、「わたし」は単なるエージェントであるだけでなく、いまだ「自己」に留まりえている。言い換えると、自己にとって決定的に重要な性質は、「行為者性」というより「委譲者性」なのである。

マルチエージェントシステムとしての自己

ここで、この各々の行為において成立しているはずのマルチエージェントシステムそのものを「自己」と見なしてみよう。このシステムそのものとしての自己は、一つのシステムであるのと同時に、多数のエージェントからなるものとして、単一的な側面と複数的な側面の両方を兼ね備えている。その意味で、それは単一の側面のみを持つ「わたし」というより、単一と複数の両面を持つ「われわれ」と呼ばれるべき存在である。行為のマルチエージェントシステムとしての自己は、「われわれとしての自己」なのである。

先に確認したように、自己にとって重要な性格は、行為者性の委譲者であることだった。マルチエージェントシステムを自己と見なすとは、システムそのものを行為者性の委譲者と位置づけることを意味する。もちろん、この「われわれとしての自己」としてのシステムを構成するエージェントの中には、個人的意識としての「わたし」も入っている。ただ、この「わたし」は、もはや行為者性の委譲者としての自己ではなく、その自己を構成する多くの被委譲者たるエージェントの一員にすぎない。ここでは「わたし」は、自己から、自己を構成する一エージェントへと、いわば格下げられているのである。

この「わたし」から「われわれ」への自己観の転換に応じて、我々の倫理観や社会観、さらには世界観も大きく変わることになる。以下では、「わたし」の行為の記述様式の変更と、生の対話化という二つの点に絞って、この自己観のシフトが持つ意味を見定めておこう。

「わたし」が行為者や行為者性の委譲者とされる限りは、私の行為は「私がある行為を行う」という形式で記述され理解される。一方「わたし」が、委譲者である「われわれ」から行為者性を委譲された単なる被委譲者となった場合、「わたし」の行為は「私はある行為を行うようわれわれから委ねられている」と記述され直すことになる。例えば、デカルトは「わたし」の行為のあり方を「我考える（cogito）」と表現したが、この表現は、いまや「我は考えるように委ねられている（Dispensatio mihi credita est cogitare）」と書き直されるべきなのである。

「われわれ」を構成するエージェントには、「わたし」以外の他の人格も含まれる。この「他者」

は、たとえば故人であっても、ＡＩであっても、ロボットであっても構わない。この他のエージェントとの会話は「わたし」が他者の役をも演じる「独り言」ではなく、異なったエージェント間に成り立つ「対話」である。ただこの対話は、「われわれ」としての自己の内部で繰り広げられる自己内対話でもある。自己とは人生の主体でもあった。「わたし」と他のエージェントが、不断の自己内対話を繰り広げることで――正確に言えば、「われわれ」がそのような不断の対話の行為者性をエージェントに委ねることで――「われわれ」は、エージェント同士が常にともに悩み、相談し、合意し、決断する人生を送ることになる。「わたし」から「われわれ」に自己が変化することで、生は対話化するのである。

行為としての自己

東アジア的真の自己と同様、「われわれとしての自己」もまた身体行為的なあり方を持つ。端的に言って、それは一定の行為に他ならないのである。言い換えると、まずマルチエージェントシステムが存在し、それが折に触れて何らかの行為に従事するという図式が退けられ、システムは、その都度の行為ごとに立ち現れ、行為が終るとともに消えて無くなると見なされる。つまり、システムとしての自己は、それが行っているひとつの行為が継続している間のみ存続することになるのである。

「われわれとしての自己」のウェルビーイング

次に話をウェルビーイングに移そう。ウェルビーイングの主体は、「自己」としての「われわれ」に他ならない。ウェルビーイングとは、何よりもまず「われわれ」の状態なのである。また、「われわれとしての自己」とは一個の身体行為でもある。すると、「われわれ」のウェルビーイングは何よりもまず、この行為がうまくいっていること、すなわち「行為の遂行順調性」を意味することになる。ウェルビーイングは、ここではむしろウェルゴーイング(Well-going)ないしはウェルドゥーイング(Well-doing)と呼ばれるべき事態なのである。

ちなみに、ここで言う「行為の遂行順調性」は、「行為の意図や目的の達成」ではなく、「行為がその目的の達成に向けてうまく進行していること」を意味する。それは現在進行形の状態、言い換えると、いつも中途に留まっている「途上的な状態」なのである。

既に触れたように、「われわれ」には、個人的「わたし」や、「わたし」に協力するさまざまな人々、さらには行為を支える社会的インフラや環境要因なども含まれる。それは、個人はもとより、単なるグループや組織をも超えた、より全体論的な存在なのである。したがって、この「われわれ」の遂行順調性としてのウェルビーイングもまた、荘子の「天籟(てんらい)」がそうであったように、個人の心理状態や、組織内の人間関係のあり方を超え、生態系へと拡がるより全体論的な順調状態である。

一方、「われわれ」の中にはエージェントとしての「わたし」もまた含まれる。そして行為全体がうまく回っている場合、この「わたし」も「われわれ」の一員として、「手応え感」や「思う存分活動できている感じ」といった快感を伴う自己感情や自己認知を持つことになる。道元の言う「身現」や、西田の「行為的直観」になりきった「わたし」も、このような自己認知を持つはずである。このような個人的な心情もまた、一種のウェルビーイングである。この個人的なウェルビーイングは、全体的な行為の遂行順調性が、個人の心情へと局在化されたものと見なせる。このように、全体的なウェルビーイングと個人的なウェルビーイングは、一体的に結びついているのである。

ウェルビーイングと善

ウェルビーイングと「善」は必ずしも同義ではない。言い換えると、すべてのウェルビーイングが、「善い」ウェルビーイング、すなわち「あるべき」ないし「目指されるべき」ウェルビーイングであるとは限らないのである。では、「善いウェルビーイング」とはどのようなものか？答えは当然「善とは何か」に依存する。そして「善」に関しては、これまでさまざまな定義が試みられてきた。ここでは「われわれとしての自己」の観点から、「善」とは何か、「善いウェルビーイング」とは何かを考えてみたい。

すべての行為は、それが行為である限り、「善い行為」であることが求められる。すべての行為は、「善」を実現ないし体現するものでなければならないのである。言い換えると、「善」とは、すべての行為によって実現・体現されるべき事柄、すべての行為の「目的」であるとも言える。「すべての行為の目的」であることが善の重要な性格、ないしはある事柄が善であるための不可欠の条件なのである。

部分的行為と全体的行為

一方、複数の行為の間には、「部分」と「全体」の関係が成り立つ場合がある。たとえば通勤に自転車を使っている場合、「自転車漕ぎ」という行為は、「一日の仕事を果たす」という全体的行為の「部分」をなす。そして「部分的行為」と「全体的行為」の間には、「手段」と「目的」という関係も成り立つ。通勤のための「自転車漕ぎ」は、「一日の仕事の遂行」という全体的行為を実現するための一（いち）「手段」であり、後者の実現は前者の「目的」なのである。

このような行為の間の「部分・全体」関係は、さまざまな仕方で拡張されうる。たとえば、「一日の仕事の遂行」は「職業人生をまっとうする」という行為の一部だし、後者は「人生をまっとうする」という行為の一部でもある。一方「一日の仕事の遂行」は、私が働いている「組織を運営する」という、場合によっては数百年にもわたる共同行為の一部でもある。さらに、これらすべての人々の行為は、「全人類の営み」という行為の一部であるし、後者もまた「地球生態系の活動」という行為の一部であるとも言える。

各々の全体的行為は、その部分行為に比べてより多くの、そしてより多様なエージェントを含み、またそれらのエージェントの間でより広く共有されている目的に奉仕するものでもある。それは、より「大きな」、そして「広い」行為なのである。

「われわれとしての自己」とは行為に他ならなかった。すると、部分的行為と全体的行為に対して、より小さく狭い「われわれ」としての自己と、より大きく広い自己が、それぞれ対応していることになる。そして小さな「われわれ」にとって、大きな「われわれ」は、その実現を目指すべき目的なのである。

善としての最大自己

ここですべての行為（ないし自己）を部分として含む、最大の行為（ないし自己）を――その内実が何であれ――想定しよう。この最大行為ないし最大自己とは、すべての行為ないし自己がその実現を目指すべき「究極の目的」である。するとこの最大行為ないし自己は、「すべての行為の目的であること」という先に見た「善」の条件を満たすことになる。そこで、ここでは「最大行為ないし自己の実現こそ善である」と考えることにしよう。もちろん「最大行為や自己」は容易に実現できない。我々にできるのは、行為や自己を少しづつ大きく広くすることで、一歩ずつ「善」に近づくことだけである。言い換えると、「われわれ」としての自己は、自らをより大きく広くする道徳的義務を負っていることになる。

善いウェルビーイング

我々の行為を大きくすること、すなわち、行為に関わるエージェントを増やし、より多くのエージェントに共有される目的を設定し、その実現に向けて努力すること。これは、行為についての行為という意味で「メタ行為」と呼べる行為である。このメタ行為は、「われわれ」に対する道徳的要請に応える行為として、「善い行為」である。今、このメタ行為がうまくいっていること、言い換えると、メタ行為の遂行順調性という意味でのウェルビーイングを、「メタ・ウェルビーイング」と呼ぼう。このメタ・ウェルビーイングこそ、「善い行為」の遂行順調性として、倫理にかなったウェルビーイング、すなわち「善いウェルビーイング」に他ならない。単なる行為の遂行順調性ではなく、行為をより広いものとする行為の遂行順調性が、「目指されるべきウェルビーイング」なのであり、そのような順調性を「手応え感」等の心情として感じることこそが、「あるべき個人的ウェルビーイング」と言えることになる。

先に、自己を「わたし」から「われわれ」に変えることで生が対話化されることを見た。「いかにしてより善い自己、より善いウェルビーイングを達成するか」は、「われわれ」を構成する「わたし」が、同じく「われわれ」を構成するＡＩやロボットと将来交わすであろう不断の対話の大きなトピックとなるはずなのである。

Part 3

坂倉杏介
渡邊淳司
ドミニク・チェン
安藤英由樹
村田藍子

Wellbeing Workshop

ウェルビーイングのための ワークショップ

本パートでは、ウェルビーイングに基づいた新しい暮らし方やサービスを発想するためのワークショップを紹介する。チームビルディングや信頼関係づくりから始まり、サービス・製品開発のための新しいアイデアを共に出すところまで、地域のリビングラボや企業のサービス開発の場で行ってきた内容を詳細に述べてある。ぜひ、読者の方々にも実際にワークショップを実施いただけたらと思う。参考資料として、以下のウェブサイトからワークシートがダウンロードできる。
http://wellbeing-technology.jp/

3.1

なぜ「ワークショップ」なのか?

ここまで、さまざまなウェルビーイングのあり方を見てきた。「わたし(個人主義的)」「わたしたち(集産主義的)」「コミュニティと公共」「インターネット」といったウェルビーイングの視点の違いから、そして「テクノロジー」「つながり」「社会制度」「日本」など多岐にわたるウェルビーイングの実装領域にいたるまで。ウェルビーイングは、単に個人の心身にとどまるものではなく、人と人のつながりや社会を豊かにするものであり、さらにはテクノロジーのビジョンまでつくりだす可能性を秘めている。

もちろん、ウェルビーイングについての知識を得るだけでは意味がない。ウェルビーイングの知見を、どのようにわたしたちの社会生活に活かしていくのか。日常の暮らしやビジネスの中で実際に使える方法論が求められているのである。私たちの研究プロジェクトが制作したパンフレット「ウェルビーイングな暮らしのためのワークショップマニュアル」は、そのひとつの提案である。

ウェルビーイングの観点から新しい暮らし方やサービスを考えるために開発されたこのワークショッ

プは、さまざまなシチュエーションで効果を発揮する。コミュニティの問題解決や新しい製品開発に向けたアイデア出しに活用することはもちろん、職場やプロジェクトにおけるチームビルディング、子育てや介護の現場での悩みを共有していくこと、そして子どもたちと未来の暮らしを考えるワークショップにも応用可能だ。

このワークショップは、目標ありきで参加者がアイデアを出しあうというトップダウン型のワークショップではない。参加者全員が自身のウェルビーイングという視点に立ち戻り、それぞれのウェルビーイングを基盤にして問題解決を志向する、ボトムアップ型のワークショップである。この時、「わたし」だけでなく、「わたしたち」の視点からウェルビーイングを捉えられると、より多くの人が合意可能な結果となるだろう。もちろん、このワークショップで重要なのは、結果だけではなく、参加者全員がウェルビーイングという視点から話し合うというプロセス自体でもある。

そのプロセスでは、まず身体や感情を含めた自分自身や参加者の存在を感じあい、何を大切にしているのかをもう一度

「ウェルビーイングな暮らしのためのワークショップマニュアル」
http://wellbeing-technology.jp/よりPDF版がダウンロード可能

深く考え、まわりの人々と共有する。互いのウェルビーイングについてじっくり耳を傾ける姿勢そのものが、お互いへの共感と尊重を引き出す。そして、互いを知り「それぞれが異なる」ことを受け入れた結果、人々の関係性、アイデアを生み出す土壌が深く豊かになり、チームの力も引き出されていく。この関係性を土台にして新しい発想を生み出していくところが、このワークショップのポイントである。

「ものさし」としてのウェルビーイング

なぜウェルビーイングについての対話が新しい発想を生むのだろうか？ それは、ウェルビーイングについての対話が新しい発想の「ものさし」をもたらしてくれるからだ。現代社会に生きるわたしたちは、多くの場合「効率性」や「経済性」に基づいてものごとを考えてしまう。とりわけビジネスの領域においては、こうした既存のものさしにとらわれず思考することが難しい。一方で、効率性や経済性のみによって解決できる問題は少なくなっており、いま重要なのはこれらのものさしの〝オルタナティブ（既存に代わるもの）〟を見つけることだといえよう。だからこそ、ウェルビーイングは新たなものさしとなりうる概念として非常に重要なのだ。

では、できるだけ既存の思考の習慣にとらわれない発想を得るためには、どうすればよいだろうか。ワークショップの開発では、その試行錯誤を行うなかで「U理論（Theory U）」の考え方を参考にした。U理論とは、本当に必要とされている変化を生み出すための方法論として、マサチューセッツ工科大学のオットー・シャーマー博士によって提唱された理論である*1。シャーマー博士は、イノベーションが起きた時に何が起こっていたのかを多くのケースから分析し、経営学、哲学、認知科学などさまざまな領域の知見を取り入れつつ、この理論を定式化した。

U理論の重要なポイントは、過去の成功パターンや現在の常識から性急にアイデアを出そうとするのではなく、いま起こりつつあることを見つめ、対話を通し、一度自分自身の深い部分(Uの底)まで迫り、その変化の兆しを感じとり、イノベーションを生み出そうとするプロセスにある。U理論が想定する社会変革の過程は、まさに私たちがそれぞれのウェルビーイングと向き合うことから暮らしを変えていこうとするアプローチと考えを同じくするものであり、その理論体系をウェルビーイングのワークショップ設計の参照点とした。

---

*1 Scharmer, C.O. (2016). Theory U: Leading from the Future as It Emerges. A BK business book (2nd ed.). Berrett-Koehler.
『U理論［第二版］─過去や偏見にとらわれず、本当に必要な「変化」を生み出す技術』C・オットー・シャーマー 著、中土井僚、由佐美加子 訳、英治出版、2017年

3.2

ウェルビーイングワークショップの流れと各ワーク

これまでの思考から離れて、ウェルビーイングに関する新たなアイデアを具体化するために、ワークショップはU理論における「Downloading」「Seeing」「Sensing」「Presencing」「Crystallizing」という5つのフェーズを移行することをイメージして進めることとした。最初のフェーズ「Downloading」は、物事を常識や外部の思考パターンによって理解するという、日常生活で陥りやすい状態である。そこから、「Seeing」と「Sensing」の2つのフェーズを経て「Uの底」へ潜る。つまり参加者との対話を通して自身のウェルビーイングについて深く理解する過程を経る。そして、自身の深いところから新たな未来のアイデアの兆しが現れる「Presencing」のフェーズを経験する。さらに、その兆しを他の参加者と共に具体化する「Crystallizing」のフェーズでワークショップは終了となる。実社会では、ワークショップのアウトプットから、「Prototyping」「Performing」といった、実際にモノをつくりサービスを行う段階に入るが、このワークショップでは、アイデアが具体化されるまでを対象としている。以下、

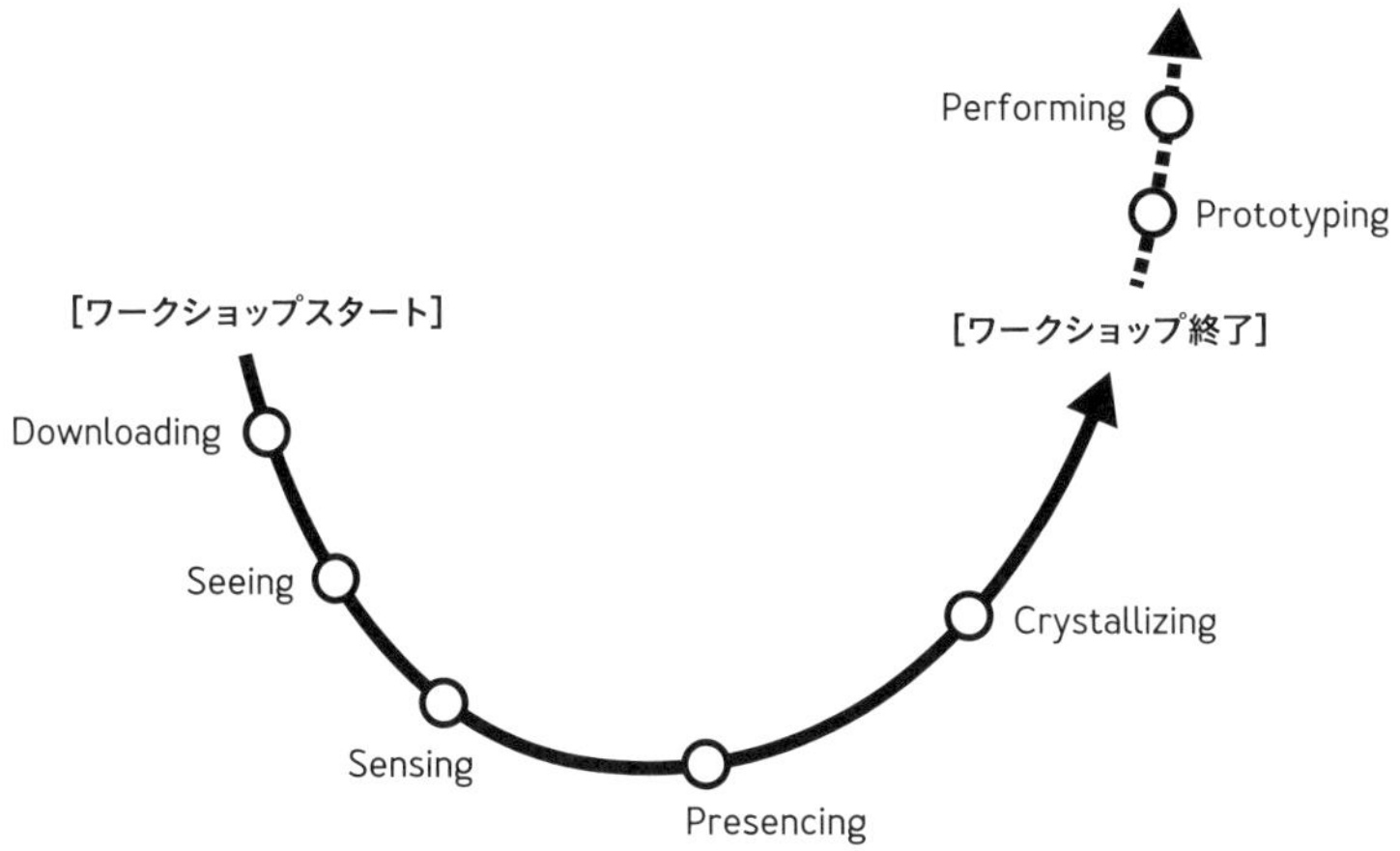

[ワークショップスタート]

Downloading

Seeing

Sensing

Presencing

Crystallizing

[ワークショップ終了]

Prototyping

Performing

ウェルビーイングワークショップの流れ

それぞれ具体的に述べていこう。

Seeing

自分や他者のありのままに目を向けることで、これまでもっていた思考のパターンや過去の経験に基づく理解（「Downloading」）を手放すフェーズである。新しいことを聞いたり思いついたりしても、これまでの常識が残っていれば〝過去の延長〟としての未来しか発想できないからだ。ワークショップを始めるにあたっては、職場や学校、家族などいつもの関係性をほぐし、新鮮気持ちで望めるような導入が必要である。ここでは、自分の鼓動を手のひらの上で感じる「心臓ピクニック」というワークを行う。

「心臓ピクニック」では、「心臓ボックス」と呼ばれる箱型のデバイスと聴診器が用いられ、参加者が聴診器を胸に当てると、その鼓動と同期して心臓ボックスが振動しはじめる。自分の鼓動を手のひらの上の感覚として、身体の「外」に出して感じることもできるし、他者の鼓動を手のひらで感じ、その違いに意識を向けることもできる。言うまでもなく、身体の状態や感情の変化によって鼓動は変化する。興奮や緊張の内にあれば気が付かないうちに鼓動は速くなり、一方でリラックスしているときはゆっくりと揺らぐような鼓動を刻んでいくだろう。ワークのなかでは、単に自分や他者の鼓動を触覚で味わうだけでなく、自他の差を感じながら心臓を他者に渡し、自己紹介を行っていく。

心臓ピクニックの狙いは、いつもの思考パターンを手放して、良し悪しや従来の常識による判断ではなく、いま目の前で起きていることそのものに目を向け、耳を傾ける姿勢をつくることにある。いつもの思考パターンは、意識したからといって簡単に手放せるものではない。だからこそ、通常は触れることのない「鼓動」に触れ合うことで、身体の感覚を取り戻していくことが重要なのだ。

心臓ボックスが利用できない場合は、いまの気持ちや体調をお互いに触素材で表現し合うといった、言語以外の方法で自己紹介をするアイスブレイクを行うのがよいだろう。自分や参加者の状態を言葉として理解するのではなく、感じあう時間をもつことが重要である。触素材で表現し合うというのは、たとえば、自分の気持ちが何かにこだわりすぎて粘着質になっているのであれば、ネバネバした素材を渡

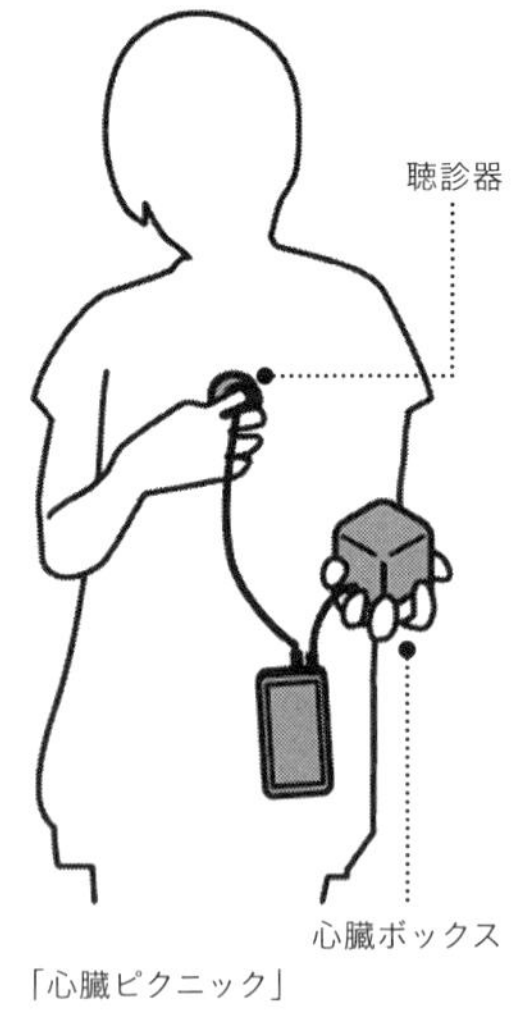

「心臓ピクニック」

し、自分の状態を他の参加者に紹介するといった具合である。素材を受け取った参加者もコメントをする必要はなく、その感覚を味わう時間を十分にとることに留意する。

Sensing

次に「Sensing」は、新鮮な気持ちで、その場にいる人がどんな人か、そこではどんなことが起きているのか感じるフェーズである。参加者同士の理解を深めるために「偏愛マップ・ペインマップ」というワークを行う。「偏愛マップ」とは、教育学者である斉藤孝氏が著書『偏愛マップ ― キラいな人がいなくなるコミュニケーション・メソッド』（２００４年、ＮＴＴ出版）で提唱したコミュニケーション・メソッドであり、自分がどんなことが好きなのか、周りにいる人はどんなことが好きなのか、その理解を深めるために幅広いシチュエーションで用いられている。

このワークでは、一定時間内に自分の好きなものやこだわっているもの、偏愛をできるだけ細かいところまで一枚の紙に文字や絵で描き出していくことで、一人ひとりの「偏愛マップ」をつくる。そして、それを周囲の人と共有する。こうしたマップをつくることは、単に自分のことを知るだけでなく、周囲の人々に自分を開示するきっかけにもなる。共通の偏愛が見つかることで、その人との関係性は急速に近づくであろう。また、それだけでなく、自分とは違うものを愛している人の存在を目の前で感じ、認めるという過程も重要である。

同じように、嫌いなものや苦手なものを挙げてつくるのが「ペインマップ」だ。ペインを共有するのはとても勇気がいることであるが、それを通じてその人の違う側面が見えてきたりする。ただし、いきなり初対面同士でペインを交換することが難しければ、なんとなく気になっていることを交換する「もやもやマップ」で代用しよう。ペインの交換は、時に「言わなければよかった」と後悔することがあるので、ある程度気心の知れた人同士やワークショップに慣れた人同士で行うことを推奨する。

Presencing

ここまで行ってきた2つのワークによって、ワークショップの場はかなり温まり、安心感のある場になってきているはずだ。ここからのワークショップは、より一層ウェルビーイングに寄り添ったものになっていく。3つ目のワーク「3つのウェルビーイング」では、「わたしのウェルビーイングとは何か？」という問いを自身に投げかけていく。自分のウェルビーイングを構成する3つの要因を書き出していくのだ。それはすなわち、自分の源にすでにあるウェルビーイングの要因を感じ取るプロセスだといえるだろう。

ワークショップの場では、このワークを行う前に改めてウェルビーイングとはどんな考え方なのかレクチャーを行うことも有効だろう。重要なのは、ウェルビーイングがいわゆる「健康」とは異なるもので、必ずしも全員に共通する基準があるわけではないと理解することだ。一人ひとりウェルビーイングの内容や条件は異なっており、それぞれに固有の要因と理由があることを認めあえる雰囲気がなければ、このワークは機能しない。こうした共通認識をつくったうえで、参加者は一人ひとり、自分にとっての3つのウェルビーイングの要因をシートに記入していく。もし思いつかなければ、「ウェルビーイングの連想マップ」を下準備として作成するのもよいかもしれない。それぞれの参加者が「ウェルビーイング」という言葉から連想される10の言葉を挙げ、グループで共有するというものである。自分や周りの人のウェルビーイングという概念の周りには、どんな概念が並んでいるのか参考になるはずだ。

また、3つの要因を挙げる際には、要因だけでなく具体的な理由を添えるのも忘れてはならない。記入が済んだら、それらの要因を理由とともにひとつずつ周囲の参加者に伝え、聞いた人は感じたことをフィードバックしていく。他の人の書いたウェルビーイングの要因をまた別の人に紹介する「ウェルビーイング他己紹介」も、ウェルビーイングを相対化し多様であることを実感するうえでは非常に効果的だろう。あなたにとってのウェルビーイングが他の人にとってのウェルビーイングとは限らないし、他の人のウェルビーイングは、もしかしたらあなたにとってウェルビーイングを阻害するものかもしれない。なにより、それぞれにとってウェルビーイングが固有なものだと認め合うことが重要なのだ。

ここまでのプロセスによって醸成された、ウェルビーイングについて深く広く対話できる空間・時間は、ウェルビーイングなアウトプットへ結びつくものであるが、その場自体が参加者にウェルビーイングをもたらしているともいえる。

Crystallizing

ワークショップ最後のフェーズ「Crystallizing」では、それぞれがビジョンを共有し、生み出したい未来を描いていく。このワークショップでは、状況に応じて組み合わせて利用できる「ビジョンブートキャンプ」「4コマストーリーボード」「未来のワールド寄せ鍋」という3種類のワークを提案している。テーマによっていくつか選択して実施してもよく、重要なのは、課題に対して価値観の異なる人々が協働してアイデアをつくることだ。「ビジョンブートキャンプ」は、短時間に何度も参加者同士でフィードバックを繰り返しながら実現したいアイデアの方向性を具体化していくワーク。「4コマストーリーボード」は、1コマごとに別の人が発想しながら4コママンガをつくっていくことで、思いがけないストーリーを生むことに挑戦する発想を飛躍させるワーク。最後の「未来のワールド寄せ鍋」では、議論するメンバーを入れ替えながら、アイデアの実現可能性を〝煮詰めて〟いく対話型の発想法である。

ビジョンブートキャンプ

一人ひとりが課題を設定し、それを解決するためのアイデアを制限時間内で発想し、グループの他のメンバーから次々とコメントをもらい、さらにアイデアをブラッシュアップする。それをまた他のメンバーに見せてコメントをもらい……と繰り返していく。

たとえば4人グループ毎でこのワークを行う場合、左のフローチャートにあるように、最初の10分間で全員が自身の課題とそのウェルビーイング視点からの解決に関するアイデアを発想する。続く1分で1人が発表、その後の1分で3人がコメントを書き、3人が1分ずつコメントを返していく。この発表とフィードバックを1セットとして4人分の発表が終わったら、5分かけて全員が自身のアイデアをバージョンアップさせ、同じように発表とフィードバックを行う。これをできる限り繰り返すのである。

曖昧な状態でもアイデアを共有しコメントをもらうことで、アイデアは徐々に具体化されていく。あれこれと頭で考えすぎるのではなく、短い時間で区切って全速力でどんどん言葉にして共有することで、発想が広がっていくはずだ。コメントをくれる仲間は、これまでのワークであなたの偏愛やペイン、ウェルビーイングについてよく理解したうえで、コメントをしてくれる頼れる仲間になっているはずである。

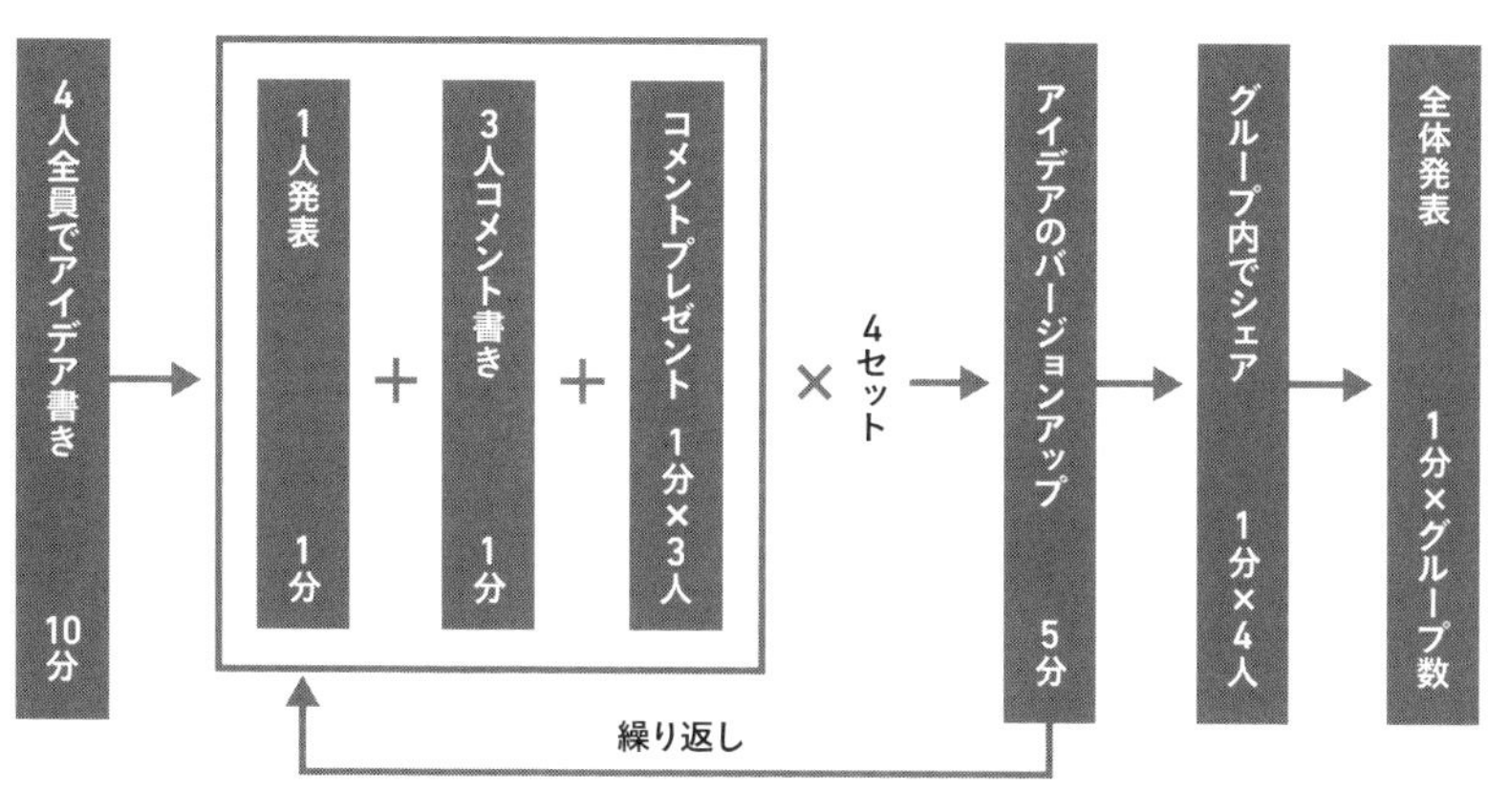

4人グループ毎で行った場合のスケジュール

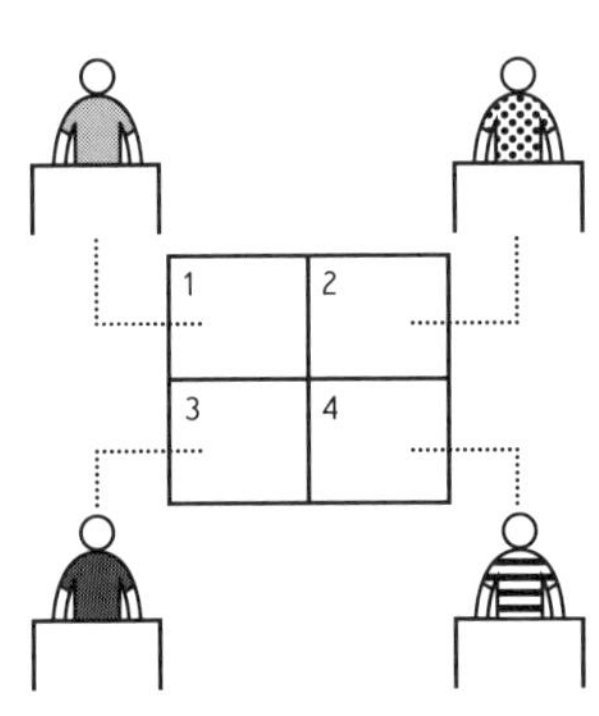

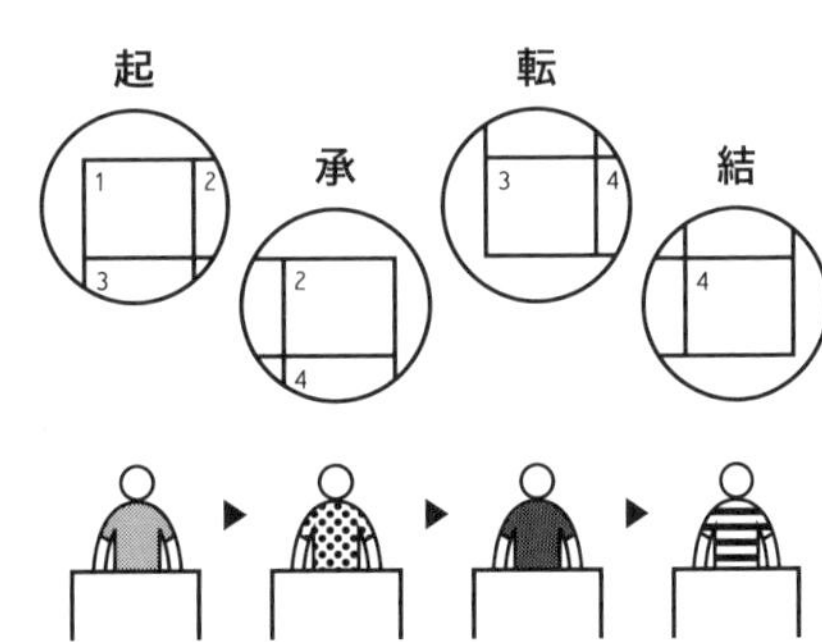

「4コマストーリーボード」

4コマストーリーボード

2つ目のワークは、「4コマストーリーボード」だ。このワークは、参加者が思ってもみなかった方向へアイデアを広げるうえで非常に有効な手段となる。4コマストーリーボードでは、その名が示すとおり、4コマ漫画のように4つのボードからなるひとつのストーリーをみんなでつくっていく。まずは4人1組のグループをつくり、それぞれが4コマに分割されたワークシートをもつ。1コマ目に描き入れるのは、自分が困っている状態や解決したい課題だ。次に、グループの隣の人に自分のシートを渡し、受け取った人は2コマ目に次の展開を描く。2コマ目で重要なのは、できるだけ意外性のある飛躍したストーリーを描き入れることだ。ストーリーのオチは別の人が考えるので、無責任でもまったく問題ない。続いてさらに隣の人にシートを渡し、3コマ目を描いてもらう。このコマではこれまでの状況を解決し、ウェルビーイングな状態を実現する兆しを示す。このワークのなかで、もっともスリリングで重要なコマといえるだろう。その後、同じように隣の人にシートを渡して4人目が4コマ目にオチを描いてストーリーは完成だ。その後、4コマ目を描いた人が周りの人に発表する。

1コマ目を描いた人は、自分の課題がどんな風に解決されたのか、もしくはされなかったのか、その行方を楽しみながら発表を聞くことになる。4人で半ば無責任にひとつのストーリーをつくるからこそ、新たな発想は生まれる。ひとりでは絶対に思いつかないアプローチこそが、このワークでは重要なのだ。また、一人ではなく多人数で協働してストーリーをつくることは、その態度にさまざまな影響を与える。自分で考えたよいアイデアを他の人に認めてもらおうという競争的な態度から、みんなでつくる協働的態度へ。そして、とんでもないストーリーを起こす共犯的な態度へと変わっていくのである。

未来のワールド寄せ鍋

最後のワーク「未来のワールド寄せ鍋」は、その名のとおり、いろいろなアイデアを「煮込んで」具体化していくことを目指すものだ。ひとつの課題について、参加者を入れ替えながら集団でアイデアを議論していくワールドカフェ方式のアイディエーション手法といえるだろう。

まずは4~6人程度のグループに分かれて、テーブルごとに考えたいテーマを決めていく。テーマはビジョンブートキャンプや4コマストーリーボードで出てきた課題でもよい。そのテーマについてテーブルで話し合ったアイデアはその場で随時模造紙に書き込んでいく。ある程度アイデアが出たら、一人がテーブルに残り、他のメンバーはそれぞれ別のテーブルに移動する。テーブルに残ったメンバーは新しくやってきた人に、そのテーブルのテーマとこれまでに出たアイデアを説明し、新しいメンバーとともにアイデアを膨らませていく。時間を区切りながらメンバーチェンジを2～3回繰り返せば、どんどんアイデアは膨らんでいく。さらに、「私はこんな人を知っている」とか、「私はこんなことができる」といったアイデア実現のための素材も大歓迎だ。

その後、何度かの移動の後、いちばん最初のメンバーが自分のテーブルに戻り、他のテーブルで経験したアイデアや考え方、情報を持ち寄って、問題解決のストーリーを具体化していく。いろいろな人が入れ代わり立ち代わりやってきて多様なアイデアや情報を出していく様は、ひとつの鍋でさまざまな具材を煮込んでいく寄せ鍋のようなプロセスといえるだろう。模造紙の使い方は自由に決めてよいが、いくつかの色や形のポストイットを使うことで見た目にも〝寄せ鍋〟感は増していき、アイデアが混ざり合っていく様子が感じられるはずだ。ワークが終了しグループごとの成果を発表する頃には、いろいろな人の〝だし(出汁)〟が染み出した、唯一無二のアイデアが生まれているに違いない。

Prototypingに向けて

以上のワークを終えたら、最後にそれぞれが一日を終えての感想を語るチェックアウトを行って本ワークショップは終了となる。「Downloading」「Seeing」「Sensing」「Presencing」「Crystallizing」という5つのフェーズを移行するワークショップの終わりには、ウェルビーイングな社会に向けたビジョンとアイデアの種が生み出されていることだろう。同時に、その発想プロセスを共有した「チーム」もまた、ワークショップの大きな成果だ。なるべく偏見や常識から離れた状態で自分を見つめなおし、自身にとってのウェルビーイングを再定義したうえで、他者と話し合い、アイデアを検討する。その対話のプロセスは、自分と異なる多様な他者の存在を浮かび上がらせ、これまで以上に幅広く柔軟なやり方で未来を考えられる場になったはずだ。

数日以上かけて行う本格的なプログラムを除けば、多くのワークショップではビジョンの共有や課題解決のためのアイデアづくりまでを行うことが一般的だろう。そこで生まれたアイデアを具体的にかたちにしていくためには、それぞれの組織でアイデアをプロトタイピングして社会実装につなげていくフェーズの取り組みが必要となってくる。プロトタイピングの方法はサービスや技術の種類によって異なるが、共通する点として、どんなステークホルダー(利害関係者)がいるかということだけでなく、それぞれにとってのウェルビーイング、さらにはそれぞれの「I」「WE・SOCIETY」「UNIVERSE」にどんな影響があるかに思いを馳せる必要があることである。

プロトタイプを評価するひとつの直感的指針としては「レター・フロム・ユニバース」と呼ばれるものがある。あなたがつくったサービスが実現したときに、地球(あるいは世界)から感謝の手紙が届いたとして、その感謝の内容を手紙として書いてみるというものだ。これを行うことで、サービスを提供される側の価値が再確認できる。こうした手紙が本当に届きうる価値あるサービスがつくれているかを常に考えることは、機能性や経済性と離れたところでプロトタイピングを行ううえでひとつの指標となるに違いない。そして、この手紙を会社の意思決定者を含む関係者すべてが共有するのである。

3.3

「頭」と「心」と「手」を結ぶ

ここまで紹介してきたウェルビーイングワークショップの内容は、具体的なテーマやメンバー構成によってさまざまなカスタマイズが可能だ。なにより重要なのは、自分や他の参加者のウェルビーイングを知り、それらを「わたしたちのウェルビーイング」として自分事に捉え直し、協働しながら問題解決やサービスを考えていくという原理を守ることである。

ウェルビーイングワークショップを行うことで、わたしたちは従来の思考パターンや既成概念からなるべく離れるとともに、頭でっかちになることなく、身体性に基づき、異なる他者を受け入れながらプロトタイピングへと移っていける。それは、「頭」と「心」と「手」をきちんとつなげてプロトタイプをつくるということだ。わたしたちはしばしば、「未来」について考えたり、新たなビジネスについて考えたりするとき、頭も心も手もバラバラになってしまっている。頭だけで考えたものは個々人の身体性がないがしろにされてしまうし、心だけで進んでいっても現実のテクノロジーが追いつかないことはままある。手だけ動かしてつくったものが多くの人の心を動かさないことは言うまでもないだろう。「頭」と「心」と「手」をつなげることは、じつは難しい。ウェルビーイングワークショップを通じて自分や他者を見つめなおすことは、この3つを改めてつなげなおしていくことでもあるはずだ。

このワークショップを経て、私たちは個々人のウェルビーイングを高めると同時に、「わたしたちのウェルビーイング」のためのテクノロジーが実装された社会へと向かっていく。ウェルビーイングから生まれた発想は、コミュニティも、企業も、社会も、世界も変えていけるポテンシャルを秘めているだろう。ウェルビーイングワークショップがひとりでも多くの人のウェルビーイングを高め、ひとつでも多くの新たな発想へとつながることを願ってやまない。

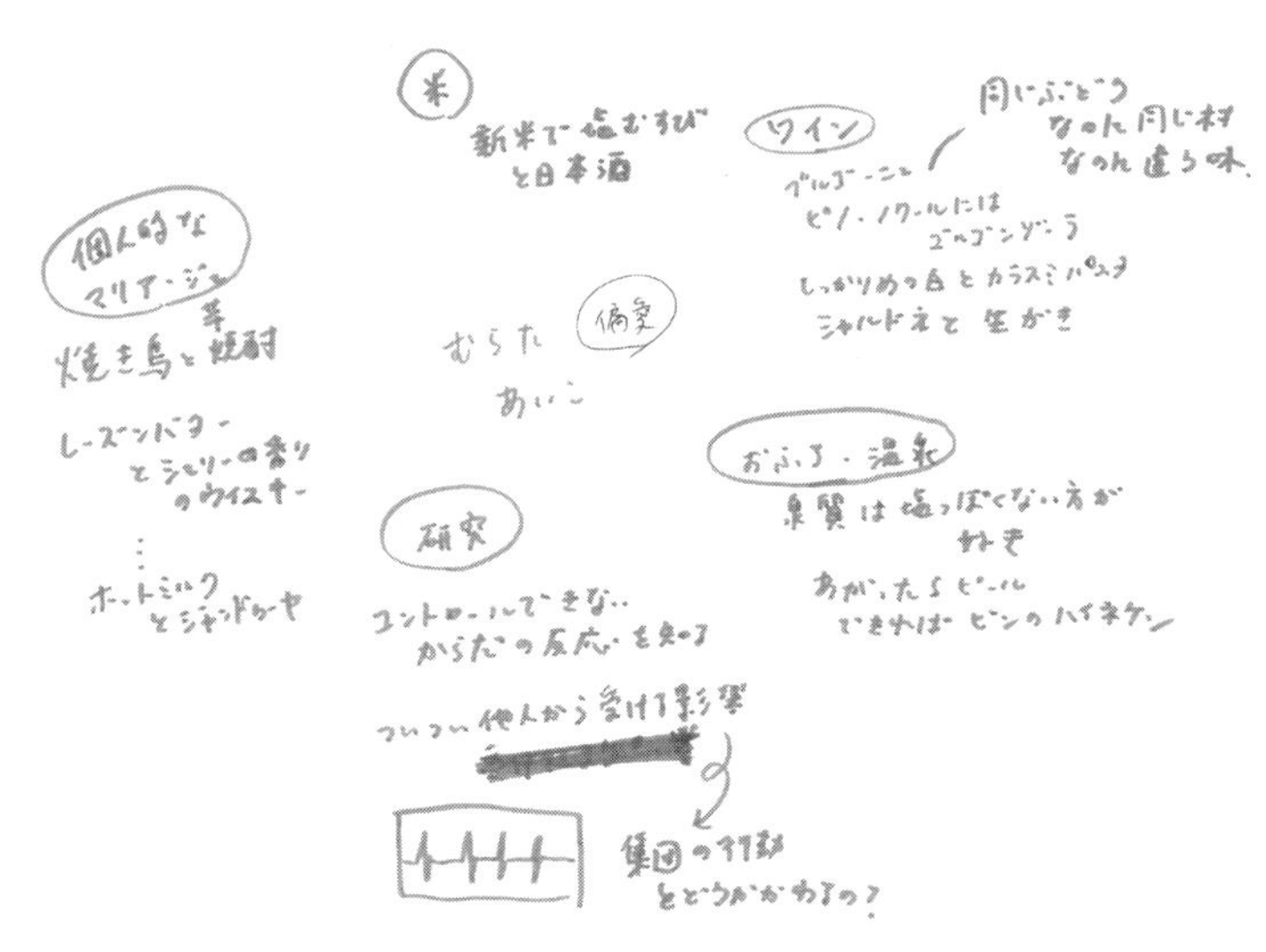

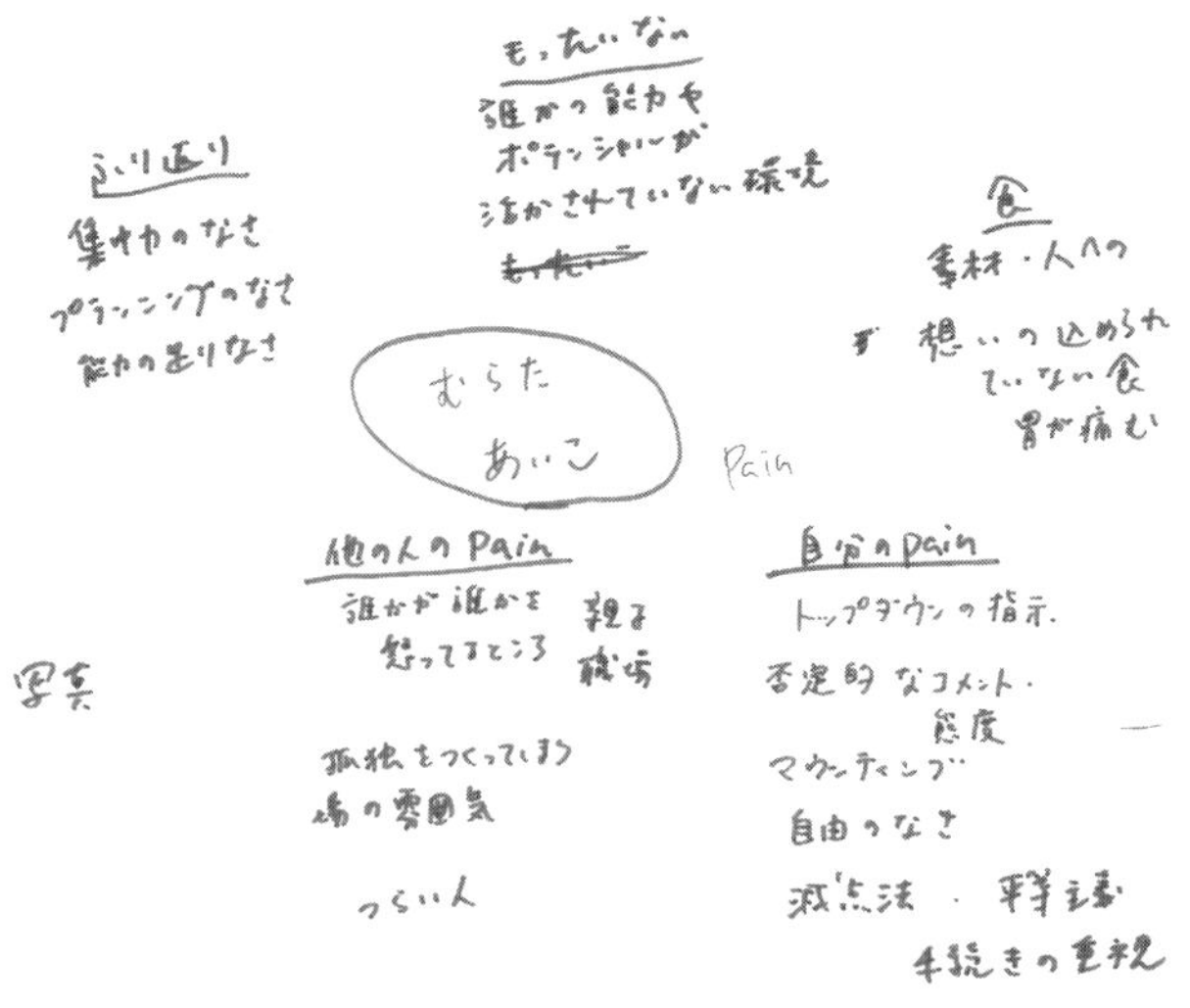

「偏愛マップとペインマップ」のサンプル

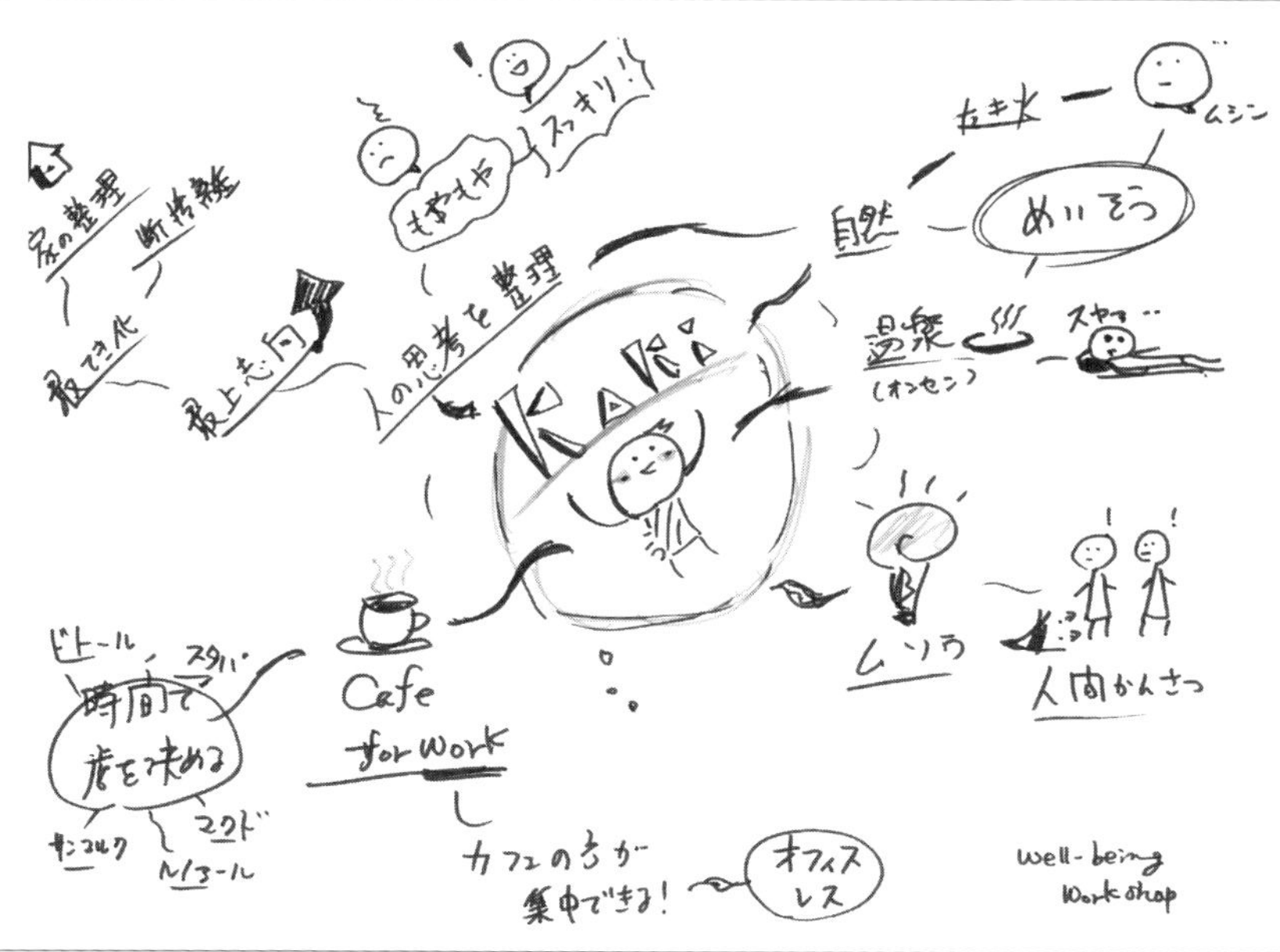
家の整理
断捨離
最適化
最上志向
人の思考を整理
もやもや
スッキリ!!
焚き火
ムシン
自然
めいそう
温泉
(オンセン)
スヤァ…
ムソウ
人間かんさつ
ドトール
スタバ
時間で
場を決める
サンマルク
マクド
ルノアール
Cafe
for work
カフェの方が
集中できる!
オフィス
レス
well-being
Workshop

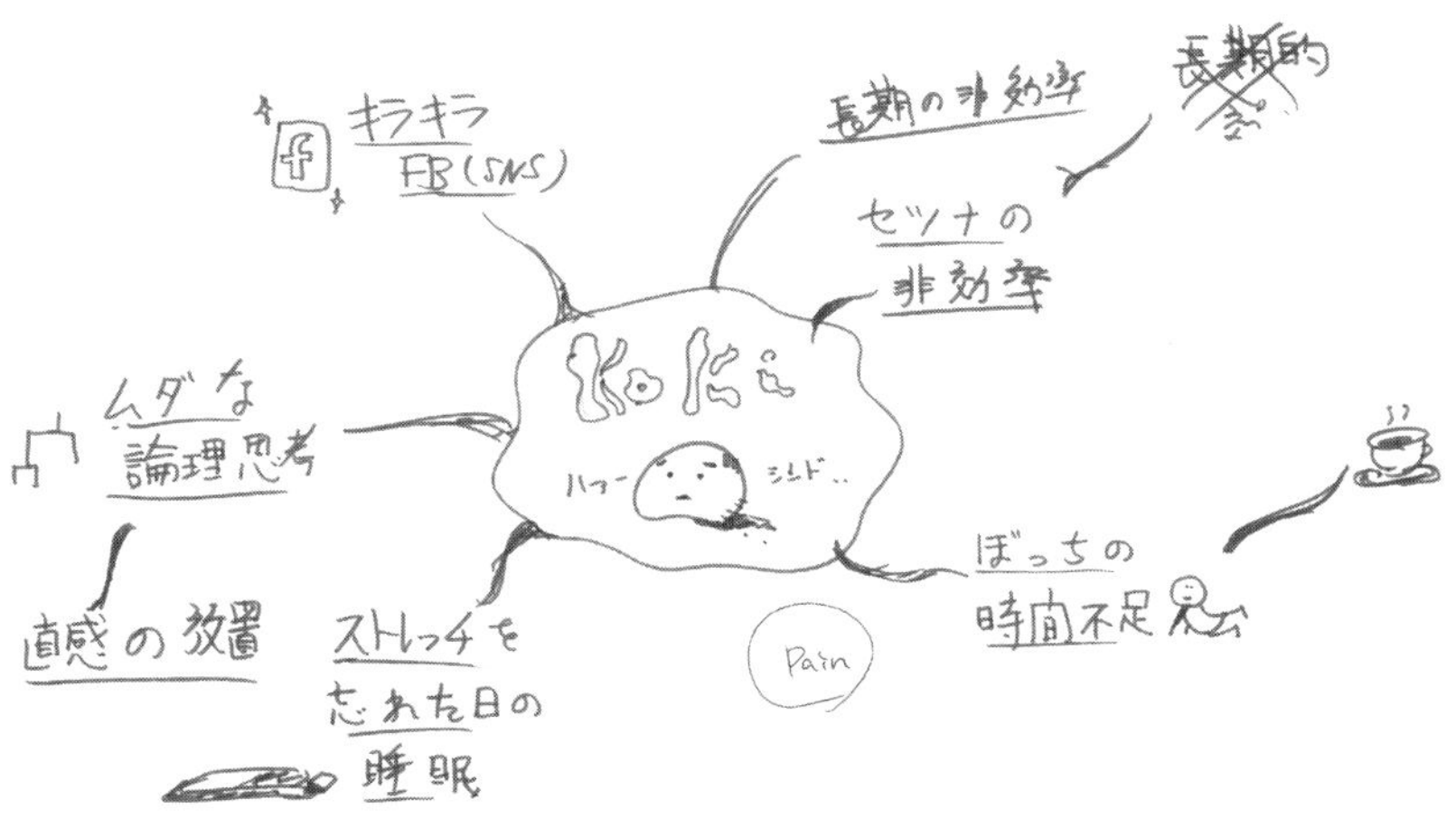
キラキラ
FB(SNS)
長期の非効率
セツナの
非効率
ムダな
論理思考
直感の放置
ストレッチを
忘れた日の
睡眠
ぼっちの
時間不足
Pain

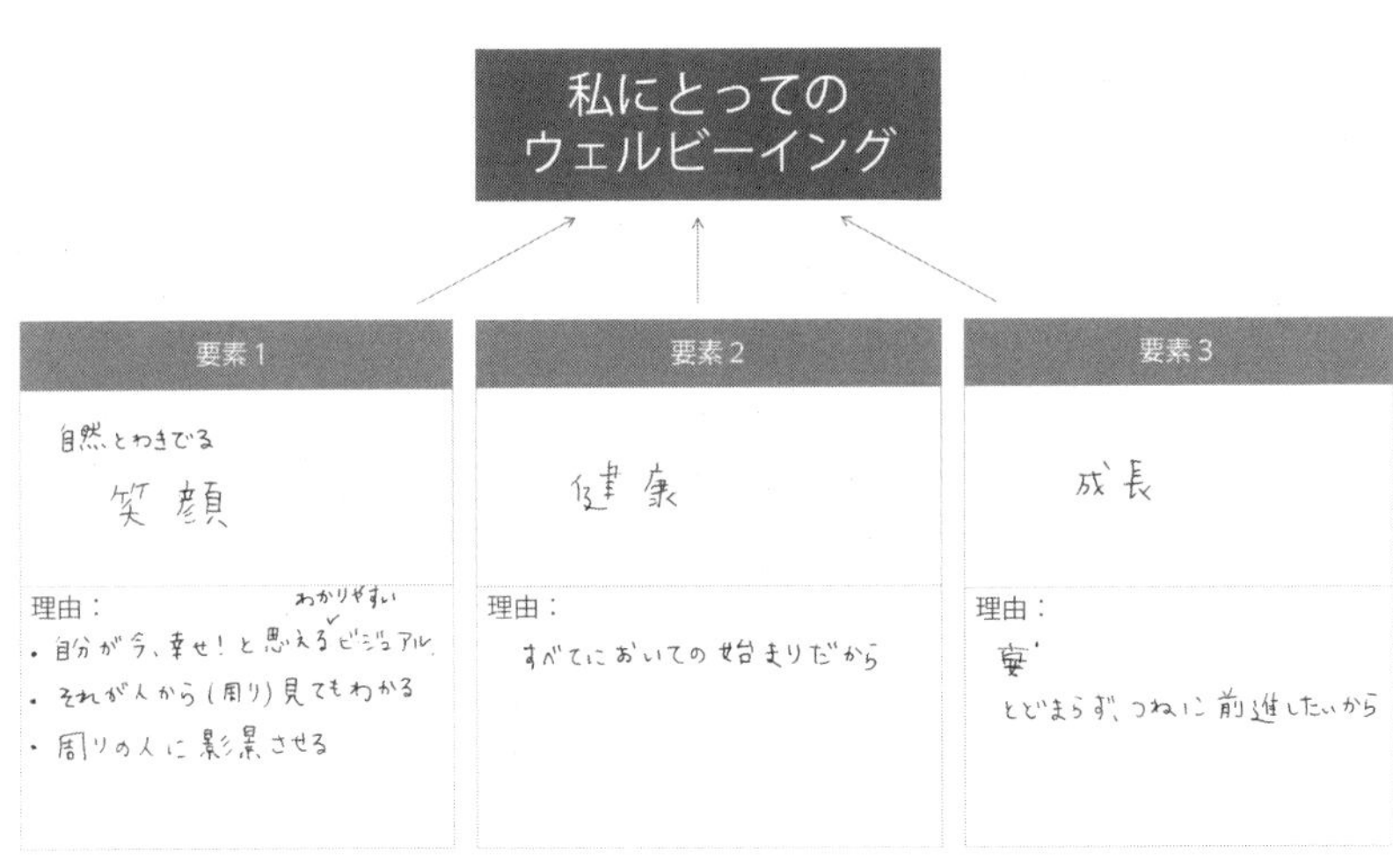

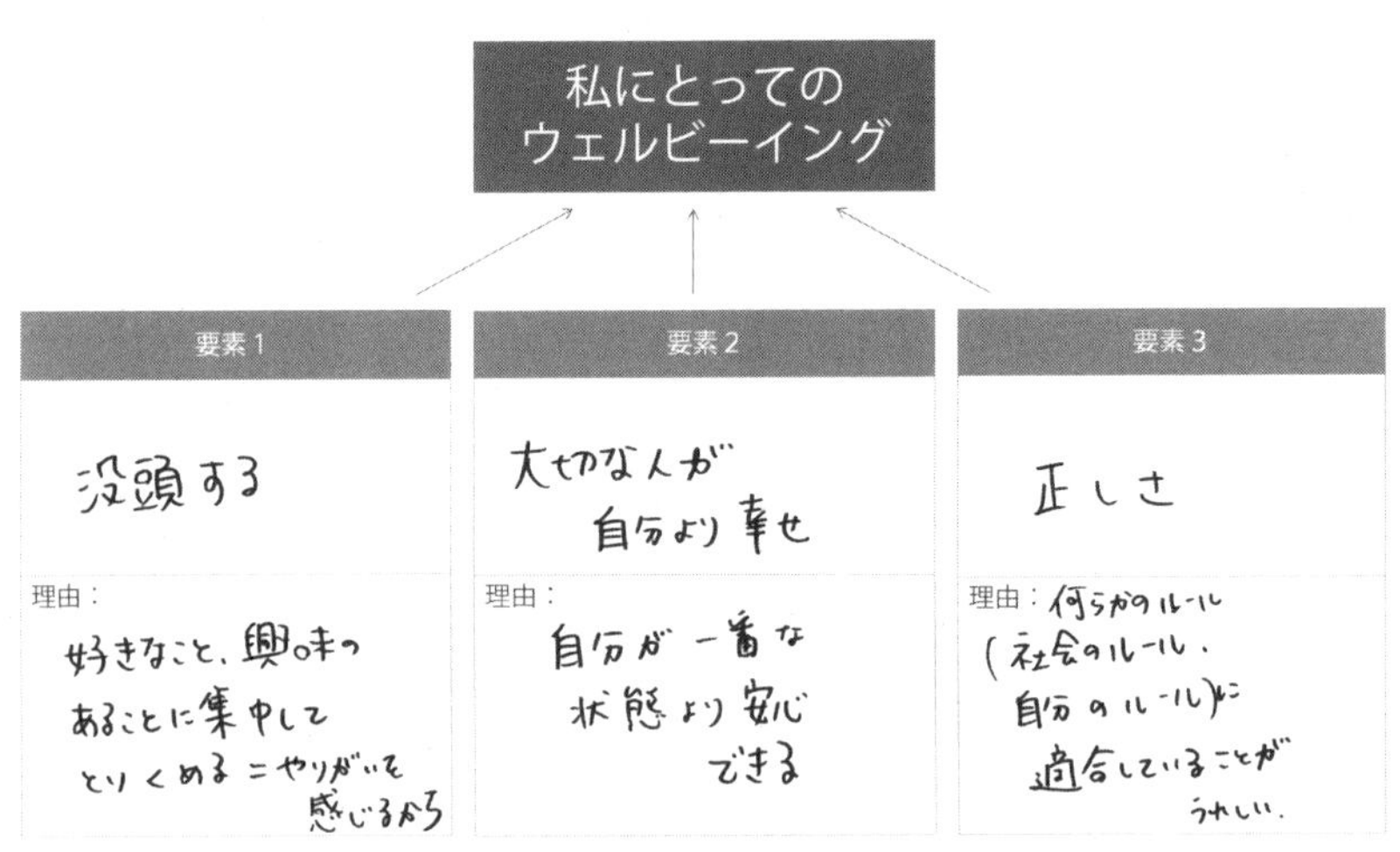

「3つのウェルビーイング」のサンプル

私にとってのウェルビーイング

要素1 we?	要素2 I	要素3 we
探索する	良い感覚（五感）	予期せぬ共感
理由：いろいろなものを探索し、足をのばし、発見し共通点をみいだす	理由：良い五感による感覚を感じられる。（きれい、おいしい、良い音、触感）	理由：そうだよね感、あるある

私にとってのウェルビーイング

要素1	要素2	要素3
共感、共有ができる	リアルタイムに体験できる	ぐっすり眠れる
理由：自分ひとりで「いいな」と思ったことを、友人や他の人もそう思っていた！ということを共有できるとうれしさがはね上がる！	理由：ライブ、イベント、観戦、旅行、その中にいてリアルタイムで体験できる充実感がよい！	理由：ちゃんと眠れるときは満足した一日のように思える

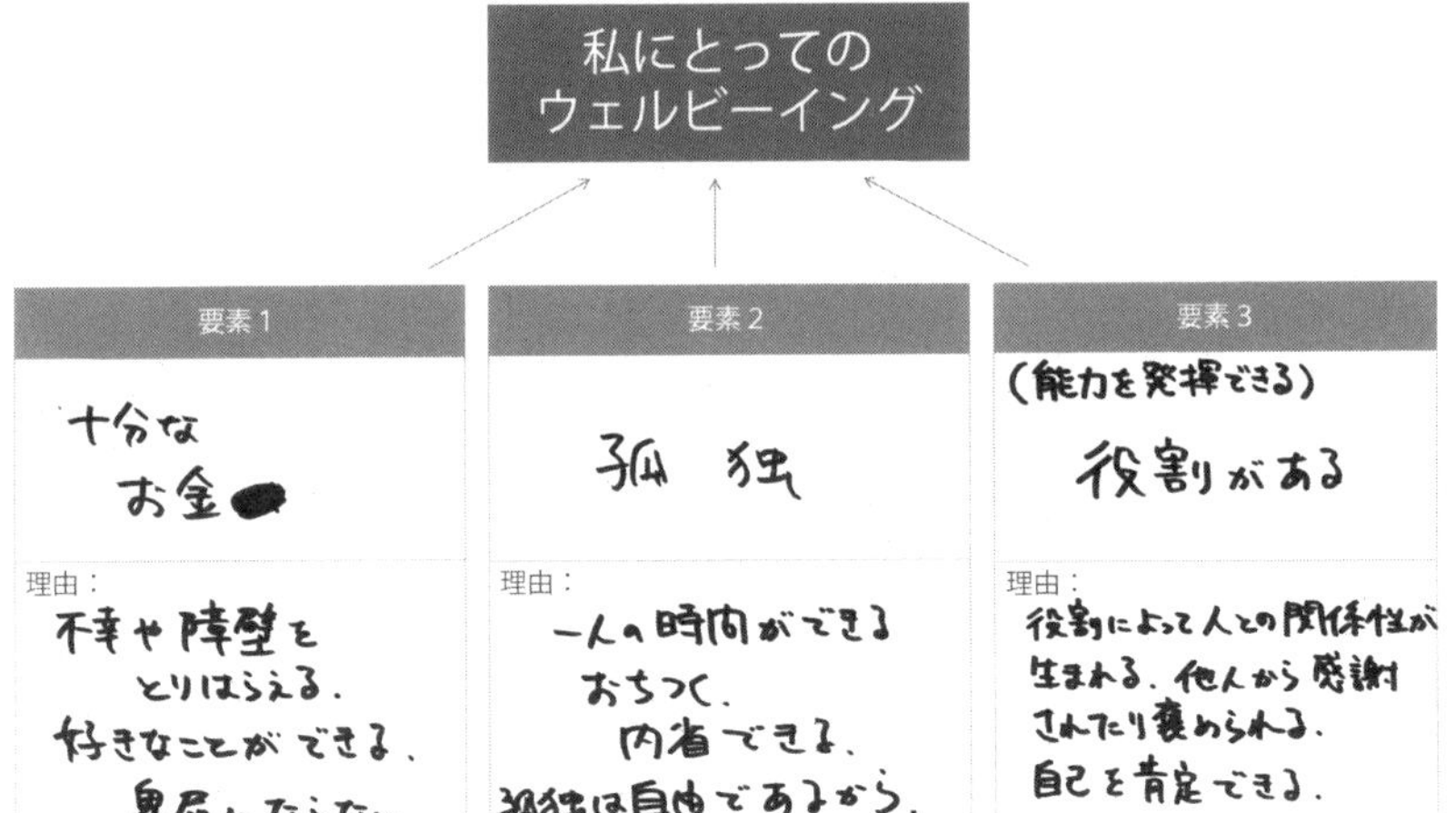

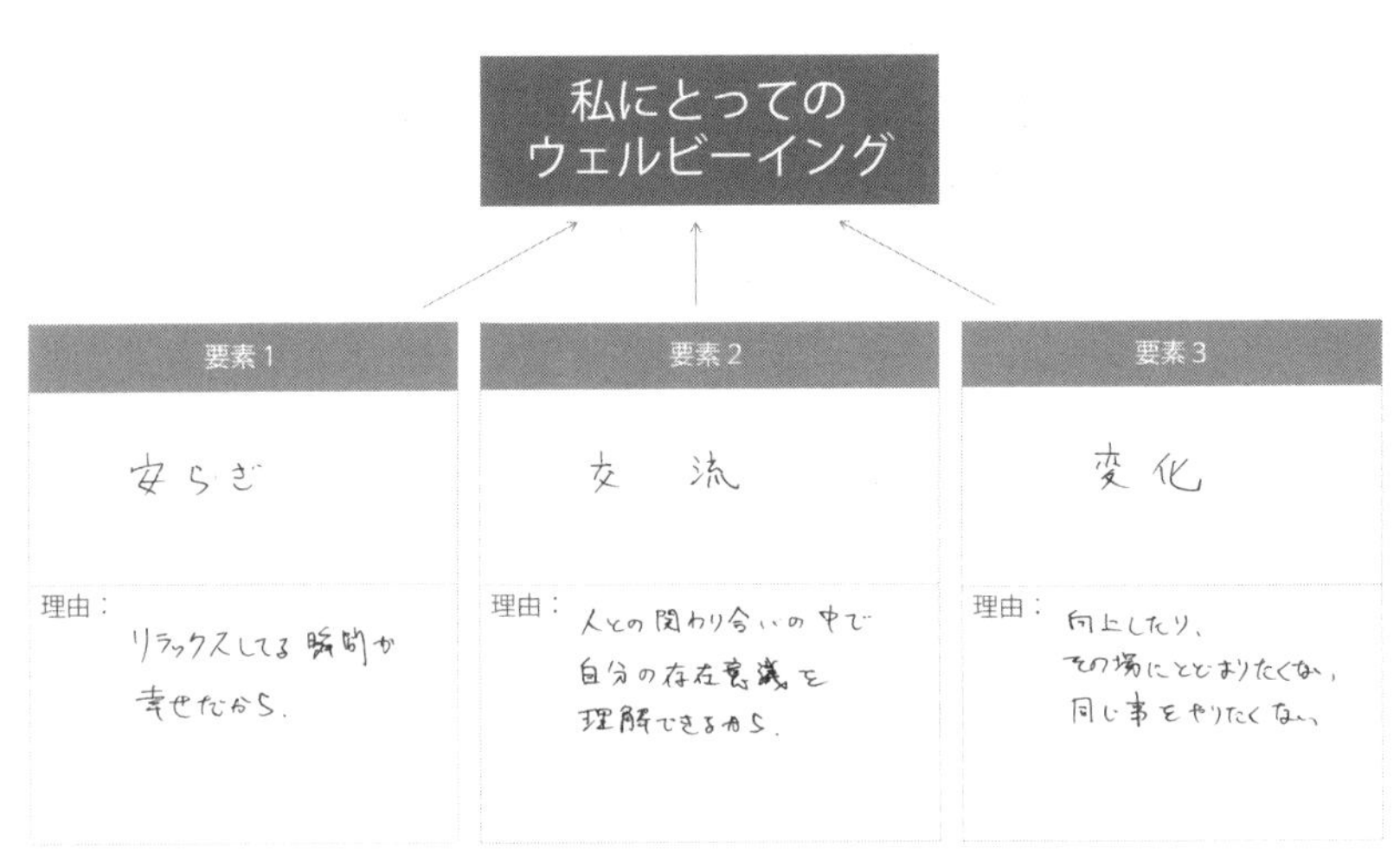

「3つのウェルビーイング」のサンプル

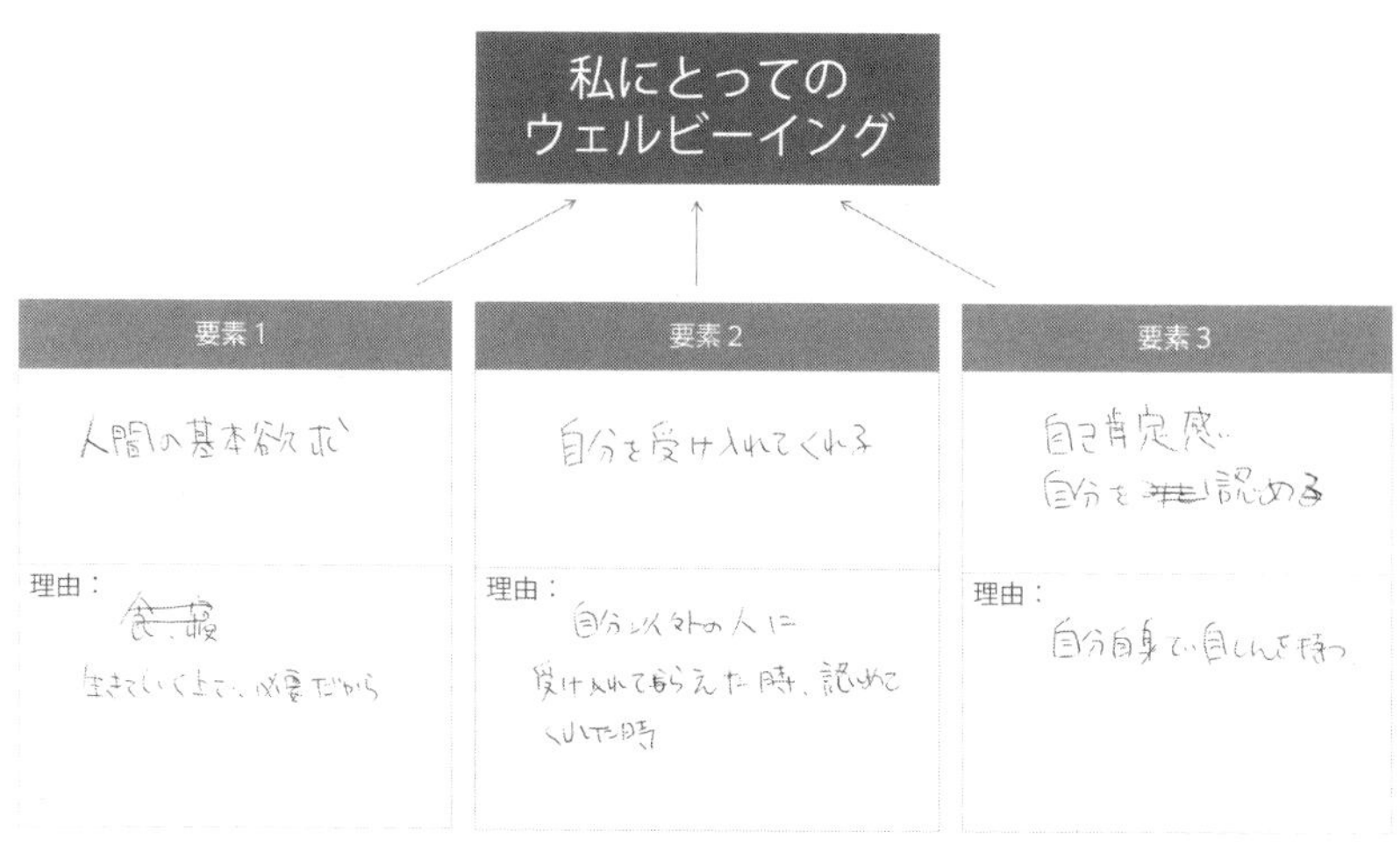
私にとってのウェルビーイング
要素1
人間の基本欲求
理由：
生きていく上で、必要だから
要素2
自分を受け入れてくれる
理由：
自分以外の人に受け入れてもらえた時、認めてくれた時
要素3
自己肯定感
自分を認める
理由：
自分自身で自しんを持つ

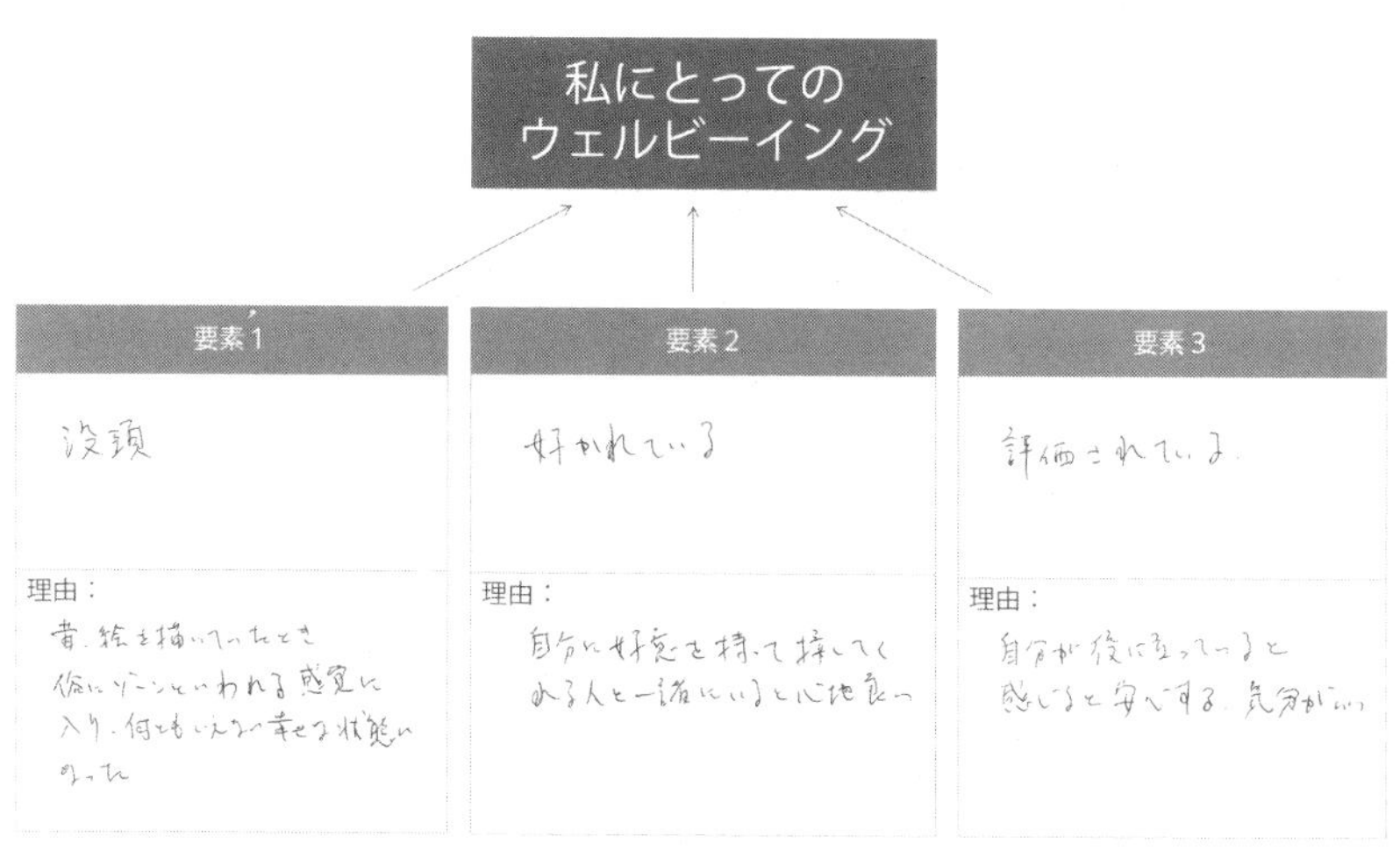
私にとってのウェルビーイング
要素1
没頭
理由：
昔、絵を描いていたとき俗にゾーンといわれる感覚に入り、何ともいえない幸せな状態になった
要素2
好かれている
理由：
自分に好意を持って接してくれる人と一緒にいると心地良い
要素3
評価されている
理由：
自分が役に立っていると感じると安心する、気分がいい

「4コマストーリーボード」のサンプル

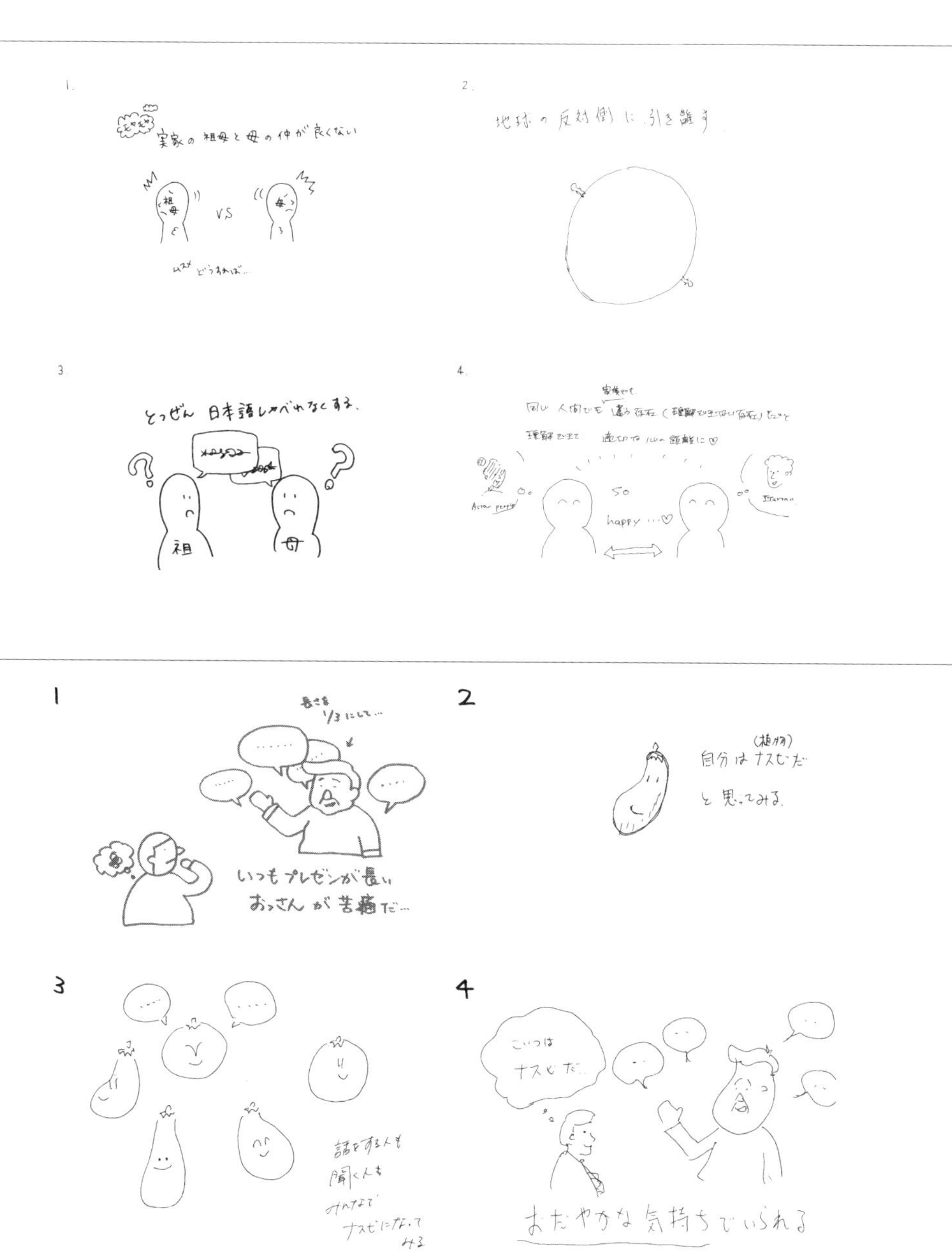
1.
実家の祖母と母の仲が良くない
祖母
V.S
母
ムスメ どうすれば…
2.
地球の反対側に引き離す
3.
とつぜん日本語しゃべれなくする。
祖
母
4.
家族でも
同じ人間でも違う存在（理解できない存在）だと
理解できて
適切な心の距離に♡
Asian people
Italian
so
happy…♡
1
長さを1/3にして…
いつもプレゼンが長い
おっさんが苦痛だ…
2
（植物）
自分はナスだ
と思ってみる。
3
話をする人も
聞く人も
みんなで
ナスになって
みる
4
こいつは
ナスだ…
おだやかな気持ちでいられる

思いやり

問題：　電車や飛行機の中で赤ちゃんがぐずって
　　　　お母さんが周囲を気にしてオロオロ

解決：　周りの人たちがアプリで「近くの赤ちゃんが泣いてるよ」通知
　　　　~~[illegible]~~ を受けると、

大丈夫！　よしよし。　泣いてもいいんだよ！

などメッセージがお母さんへ送れるというしくみを使う

ポイント　ネガティヴなフレームをなくすというのではなく、ポジティヴな意見をひろいあげるしくみ ~~[illegible]~~ があるとうれしい。
なかなか なぐさめたりあやしたりしたくても 電車の中とかだとできない…

カバンにつける
小さなタグをつくる
（周りの人がつける）

席の周辺の「ボスキャラ」を見つけ先に「ごめんなさい」と言っとく。

"あやしてください"
"Help"が、まわりの人にわかる 伝わるかんじ。 自然に
SNS? ← 近くのみ。

思いやり ver.2

問題．　電車・飛行機で赤ちゃんがぐずって
　　　　お母さんが周囲を気にしてオロオロ

解決：　バッグやベルトにつけられる
　　　　おしゃれタグ「泣いても大丈夫」サイン

携帯アプリでお母さんがHelp!
と出すと周りの人があやしてくれる。
まじでとなりのおばちゃんが急に優しく…

思いやりの押しつけ、おせっかい

・好きでボッチやっているので、仲間に入れようとして来る
・一方で、仲間はずれを作ると空気が悪いのもわかる

解決法

・~~ボッチがボッチとして気兼ねなく行えば、解決するので~~
・ボッチだ「手を差しのべた」というエクスキューズがあれば、皆納得し、望まないボッチも仲間に入りやすいので、集団や団体での行動時に、「ここ入っていいよ」アイコンを集団内で合意がとれている時に限り、ボッチにだけ あるいは、ボッチと思われる人にだけ通知するテクノロジーで解決

思いやりの押しつけ、おせっかい

解決法v.2.

・集団内でボッチがいる時、合意のとれた小集団が「入ってもいいよ」をコールする
・「入ってもいいよ」は、ボッチ個人個人に通知
・入りたいボッチは加入、入りたくないボッチに[illegible]
・ボッチ側は「入りたいモード」「入りたくないモード」を選択 or AIが設定
・「入りたいモード」は加入できる

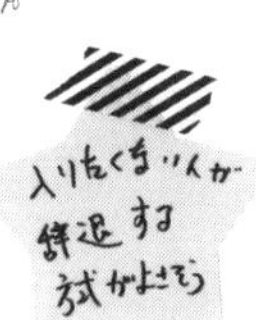

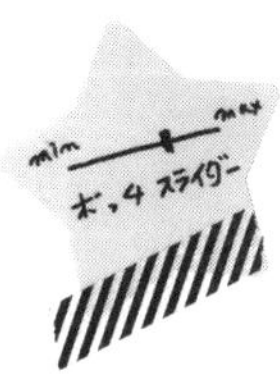

「ビジョンブートキャンプ」のサンプル

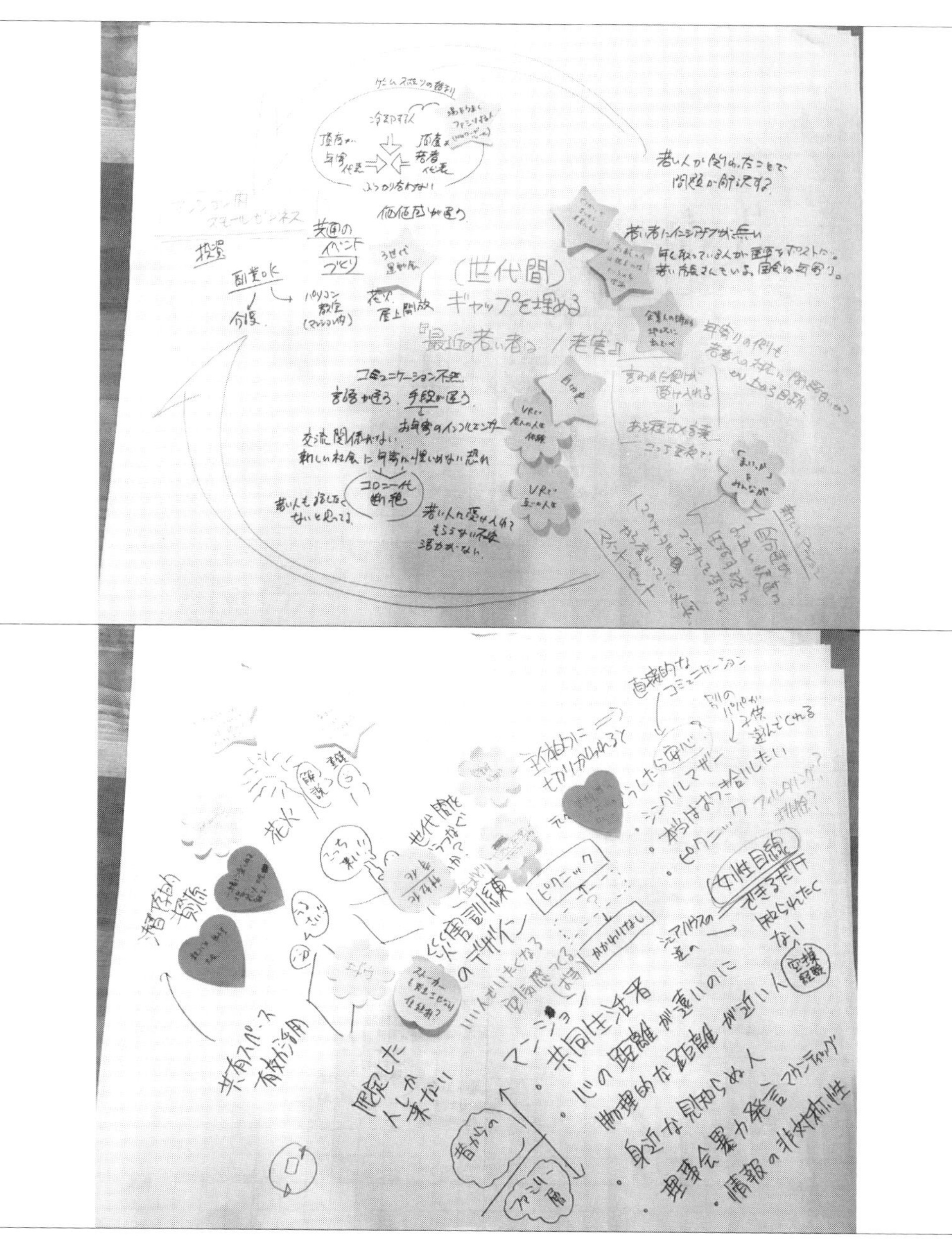

「未来のワールド寄せ鍋」のサンプル

Discussion

座談会：「わたしたち」のウェルビーイングに向けたプロジェクト

安藤英由樹×坂倉杏介×ドミニク・チェン×渡邊淳司

安藤英由樹

大阪大学大学院 情報科学研究科 准教授、大阪芸術大学アートサイエンス学科 客員教授。専門はバーチャルリアリティの分野において、前庭電気刺激、無意識に着目したインタフェースなどを研究する傍ら、芸術表現としての先端的科学技術の社会貢献にも関心を寄せ、自らもアーティストとコラボレーションして作品制作や展示を行なう。平成20年度文化庁メディア芸術祭アート部門において優秀賞受賞。

坂倉杏介

東京都市大学 都市生活学部 准教授。三田の家LLP 代表。専門はコミュニティマネジメント。多様な主体の相互作用によってつながりと活動が生まれる「協働プラットフォーム」という視点から、地域や組織のコミュニティ形成手法を実践的に研究している。芝の家やご近所イノベーション学校（港区）、おやまちプロジェクトや世田谷コミュニティ財団（世田谷区）をはじめ様々な地域のコミュニティ事業を手掛ける。

ドミニク・チェン

早稲田大学文化構想学部・表象メディア論系 准教授。公益財団法人Well-Being for Planet Earth 理事、NPO法人soar 理事、NPO法人コモンスフィア 理事。ウェルビーイング、発酵、生命性をキーワードに、メディアテクノロジーと人間の関係性を研究している。主著に『未来をつくる言葉―わかりあえなさをつなぐために』（2020年、新潮社）、『ウェルビーイングの設計論』（監訳、2017年、BNN）。

渡邊淳司

NTTコミュニケーション科学基礎研究所 人間情報研究部 上席特別研究員。人間の知覚特性を利用したインタフェース技術を開発、展示公開するなかで、人間の感覚と環境との関係性を理論と応用の両面から研究している。主著に『情報を生み出す触覚の知性』（2014年、化学同人、毎日出版文化賞受賞）、『ウェルビーイングの設計論』（監訳、2017年、BNN）、『情報環世界』（共著、2019年、NTT出版）。

ウェルビーイングのガイドライン？

渡邊　本書の出発点には、安藤さんが代表の「日本的Wellbeingを促進する情報技術のためのガイドラインの策定と普及」というプロジェクトがありました。ウェルビーイングというキーワードから、情報社会を設計するためのガイドラインを作ろうと、２０１６年にさまざまな分野の研究者や実践者が集まってプロジェクトがスタートしました。

安藤　ちょうどその頃、人工知能の分野ではそういったガイドラインを作る動きがありました。ただ、それを見ると「……をしてはならない」といった禁止則、マイナスをゼロに戻すような考え方が多かったのです。一方、プロジェクトの中でウェルビーイングについて考えていくと、マイナスにならないようにする「予防」の考え方だけではダメで、むしろゼロをプラスにしていく何かが必要だという思いに至りました。ガイドラインが出発点でしたが、むしろ、私たちがやっていることは、よく生きることをテクノロジーの観点から実践しようとすることだと思うようになりました。

チェン　エンジニアの間でも、自分たちの作るテクノロジーを利用する人たちの心の満足について話題に上りますが、実際に研究されるまでには至っていませんでした。僕も会社でアプリを作っていて、経営者仲間や株主と雑談レベルでは「よい社会を作ろう」とは言うものの、結局はページビューや滞在時間といった数値的評価の原理にとどまっていたんです。このプロジェクトを通じて、ウェルビーイングの研究に取り組んだのは、もっと本質的な評価軸を掴みたいと考えたからです。アメリカでは「Time Well Spent」という概念が提唱され、ユーザーのウェルビーイングを考慮するサービス向けの認証マークを作るべきということを主張するグループが活動していますが、日本の情報技術産業でも同じ志向性の活動が必要だと考えています。

「フィールドワーク」から導かれた直感

渡邊　私は、研究者が集まる学会に出るよりも、ワークショップなどを通じて社会と関わりを持つことが多くなりました。研究者が想定する〝一般的な人間〟ではなく、実際に生活している〝個々人〟を見ることが重要だと考えるようになったのです。

チェン　そこで重要だったのが、坂倉さんが運営に携わっている「芝の家」というコミュニティです。芝の家では、ITについて全然知らない近所のおじさん・おばさん、小学生たちとウェルビーイングの話をしてきました。そこでのワークショップは、僕らなりのフィールドワークでもありました。

坂倉　芝の家では、プロジェクトメンバーがそれぞれの体験を話したり、地域の人々の話を聞いたりしながら、生活に根差す情報技術の役割やウェルビーイングについて話をしました。われわれも、学会のような場で話をするのとは心持ちが違いました。すでに認知されている現象を測定して分析するのではなく、暗黙知をみんなで共有しながら、プロジェクトの向かう方向性を探り、育てていったという感じですね。だから、われわれの中では納得感があります。しかし一方で、なぜそう思ったかを考えると直感に近い感覚でしかないところもあります。ウェルビーイングという抽象的な概念に、全然違う価値観の人たちと一緒に向き合い、対話を重ねるという過程そのものが重要だったと思います。それを継続的に共有し続けるなかで、「これはある」「これは違う」という基準が立ち上がってきました。

安藤　社会と直接関わりあいながら、プロジェクトもだんだん「予備」的なアプローチに変わってきましたね。

渡邊　本書で伊藤亜紗さんは「予防」と「予備」の違いについて述べていますね。予防は、未来の目的を設定し、そこから逸れないように「これはやめておこう」とガイドラインを引く思考で、予備は、必ずしも目的に合致しなくても、「それをやれる余地」を残して理解を深めていくことだといえます。

安藤　そういった方向へ舵を切ったのは2018年の山口情報芸術センター［YCAM］での合宿でした。ガイドラインを作るために合宿をして、最終的に「ガイドラインを作るのをやめるか」と開き直ったのでした。

坂倉　そうなったのは、「自分にとってのウェルビーイングは何か？」を自分で決められるかどうかが、その人のウェルビーイングを高めるためにすごく大事なことだと気がついたからです。ガイドラインというのは、どうしても押し付けるものになる。健康の指標である血圧や血糖値などとは違い、ウェルビーイングの感じ方は人それぞれで、文化によっても違いますから。自分の中のウェルビーイングを実感するための方法論を作るところから始めたほうがよいのでは、となったのでした。

プロトタイピングのためのツールへ

渡邊　YCAMの合宿のあとに始めたのが、自分のウェルビーイング要因を3つ書き出すワークショップですね。何がウェルビーイングかを問うと、多様な答えが出てきます。ライフステージや性別、職業でも違うし、まずは自分のことを感じるところから始めてみようと。ある人にとっては美味しい肉を食べることが重要だけど、別の人にとってそれはどうでもいいかもしれない。

チェン　金科玉条のように参照されるべき「ウェルビーイングのためのガイドライン」ではなくて、自分たちで自らのウェルビーイングの仕組みについて自律的に向き合うための方法論、つまりウェルビーイング理論をDIYできるキットのようなものが必要だと考えたんですね。3つのウェルビーイング要因は、たくさんの人に書いてもらって、合計で1300人もの学生からデータを集めることができました。

坂倉　これらが『ウェルビーイングのためのワークショップマニュアル』というパンフレットにつながりました。参加者が各自の3つのウェルビーイングを探り、チームで共有するプロセスを経て、新たな情報技術の使い方をウェルビーイング起点の発想で考えるというワークショップです。一般的なアイデア出しのワークとはちょっと違った質感のアイデアが出てきます。ワークショップでは、身体や感情に意識を向けるために、心臓の動きを触感として感じる「心臓ピクニック」や「偏愛マップ」などの導入ワークや、視点を飛躍させる強制発想法として4コマ漫画を連歌的に作るワークやワールドカフェを改良したワークを提案しています。

安藤　もちろんプログラムだけを作ればいいという話ではありませんが、ウェルビーイングを中心にすえて話をする場が日常の中に生まれていくことは重要です。そして、作る人と使う人と分けるのではなく、作る人も使う人も自分の体験を話しながら対話できる場があったほうが、よいプロダクトやサービスが生まれるのではないかと思います。

坂倉　すべての人が当事者であり、すべての人がオリジナルのウェルビーイングの世界を生きている。だから掘り返していくと、ユーザーと開発者を分ける必要があるのかという話にもなるし、開発者が良かれと思ってつくるものもユーザーには的外れである場合も少なくない。結果として面白かったのは、開発者にも、子育てをやっているお母さんたち向けにも使えるワークショップになったことです。対象を限定的にしないことで、適用可能性が広がりました。

日本的なウェルビーイングへ

安藤　また、僕らのプロジェクトの特徴として、タイトルに「日本的」という言葉がついていますよね。そもそも「ウェルビーイングのような欧米型の概念を、そのまま日本に持ってきて大丈夫なのか？」というところもありました。

チェン　先ほど出たＹＣＡＭでのディスカッションは非常に面白くて、本質的な気づきが得られました。なかでも渡邊さんから、出家修行を経て今はマインドフルネスとケアの研究をされている健康科学大学の井上ウィマラさんに「最近ウェルビーイングだったことは何か？」と聞いた時に、「自分の父親の死を看取ったこと」という答えがあったという話がありました。親しい人の死という不可避な別れに際して、家族が集まって見届け、本人が逝きたいように最後の時間を過ごすことがウェルビーイングにつながる。このような心理は、あまり論文には書かれていないことですよね。でも、すごく感覚としてわかる。親しい人の死とは、これまでの欧米の研究ではウェルビーイングが下がる要因として捉えられているけど、日本人は別の死生観をもっている。では

『ウェルビーイングな暮らしのためのワークショップマニュアル』2019年

それをウェルビーイングというアカデミックな俎上に上げていくにはどうするか。この大事な概念を、僕たちが住んでいる場所からきちんと抽出して、接続したいという考えから、やはり「日本的」なのだという結論に至りました。ただ京都大学の木村大治先生には、ウェルビーイングという言葉そのものが、何がウェルかを一方的に判断しているように見えるから、「ビーイング」にしなさい、と言われました（笑）。それでも、日本だけでなく、世界中に存在する多様な「ウェル」の捉え方が解明されていくなかで、文化間の相違点をつないでいくことが重要になると思います。

坂倉　医療的な観点だとウェルビーイングは正しそうに思えるけど、文化人類学の立場から考えると、西洋中心の価値観の押し付けにも見えるんですね。そういう意味だと、もしかしたら「インタービーイング」という言葉もありえるかもしれません。人の能力や心の状態は関係性の中にあり、個人の中にあるものではないという考え方です。それは、関係性を自らケアしていく、という視点にも近いですよね。ケアというのは、ある状況をモニタリングして、メンテナンスする状態。それをお互いにしていくと。

渡邊　福岡県大牟田市の認知症ケアを見学したときも衝撃を受けました。大牟田市の取り組みが興味深いのは、予防的に認知症の人たちをいかに徘徊させないかではなく、予備的にいかに徘徊しても安心できるまちづくりをするかという考えのもと、市民の方々が自律的に取り組んでいることです。"ヒューマン・センタード・デザイン（人間中心設計）"という言葉がありますが、大牟田では、そうではなくて、顔の見えるそれぞれの人と向き合う"パーソン・センタード・デザイン"と言われています。

坂倉　「パーソン・センタード」の根底には、幸福を大量生産・大量消費する、という考えから、それぞれに合った幸せを考える、というシフトがあります。そして、医者やカウンセラーが悪い状態をよくするのではなくて、人間は自分自身の力でよくなれる存在であるという価値観があるのだと思います。ウェルビーイングという概念も、それは同じはずです。一人ひとりのウェルビーイングがあって、それぞれにはそれを自分で獲得する力があるはずですから。

チェン 近しい議論だと、北海道の浦川町で「べてるの家」という統合失調症の人たちのコミュニティを30年以上運営している向谷地生良先生たちのご活動があります。彼らが進める「当事者研究」とは、統合失調症の人たちが自分の病状を自ら観察し、記述して、他者に伝えられるようにするための方法論です。通常の精神医療では、たとえば統合失調症の人には、依存になりすぎない量の薬が処方されるのですが、治療の中で徐々に量が増えていってしまう。そして、なにより、自分の見えている幻覚の存在を医師に否定されてしまう。そうすると、少しずつ無気力になり、社会とのつながりを自分自身で回復するための「苦労」ができなくなる。その苦労を取り戻すのが、当事者研究です。この手法は、ウェルビーイングの理論のなかでも重要視される「自律性」とも密接に関係しているし、その意味では健常者と呼ばれる人にも有効ではないかと考えています。たとえば、精神障害と認定されていなくても「SNS中毒」に悩む人は多いですし、コミュ障を自称する人も多い。共通する問題は、自分自身の力で病気や悩みと向き合う方法がわからない、ということです。当事者の周囲の人にしても、相手にとって良かれと思っている行為が、相手の「苦労をする」という機会を奪っているかもしれない。禁止事項ではなく、それぞれが自分の本領を発揮してできるかぎりぶつかってみるというのも、もしかしたら苦労のひとつかもしれません。誰かが転んだり怪我をしたりしても、そのことでパニックになったり、頭ごなしに否定しないということですね。だから、便利なテクノロジーも、その利用者が苦労する機会を過度に奪っていないだろうか、という問いと共に設計することが重要になるでしょう。

自らの変化を捉えるために

安藤 個人で決めたウェルビーイングとして固定化するわけではなく、どんどん変わっていくこともありえるはずです。たとえば、自分だけを尊重していた人がいつのまにか他人を受け入れるようになったり、その逆だってあったっていい。変化していく個人という存在も、物語として捉えられると思います。それは幸せに関する思考停止に至らない、ということかもしれないです。

渡邊 個人的な意識にとって、自分の身体や無意識の働きは、すべてを把握したり、完全に制御できるものではありません。その「最も身近な他者」としての身体や無意識と対話を続けることは何より重要なことだと思います。「最も身近な他者」をケアすること、つまり、完全にはわからないものであることを理解しつつ、その言葉に耳を傾け、働きかけを続けることは、ウェルビーイングであるためのひとつの方法論かもしれません。

チェン 方法論が生まれていくことが大事で、テクノロジーはその手段でしかない。その限りにおいては、ウェルビーイングに寄与する良質な情報技術を生み出せるはずです。そして、アウトプットの形はなんでもいい。新しいコミュニティでもいいし、アプリの設計でもいいんですよね。

坂倉 今回の提案はワークショップという形式ですが、開発者もユーザーも自分なりのウェルビーイングの視点を持つことで、自分を取り巻く状況を見直すきっかけにもなるはずです。この本は、単なる言説を集めたものやワークショップのマニュアルではなく、日常のいろいろな場面や仕事の場面でも使える考え方のサンプルとなるはずです。実際に、いくつかの企業でもサービスの開発や研修といったところで使われようとしています。

チェン 他人とウェルビーイングについて話し合うだけでも多くの気づきが生まれます。対話や共話が起こり、一人では得られない気づきを得て、互いの心の充足について自律的に捉え直す、という動きが生まれることが大事なんですよね。そもそも、ウェルビーイングについて話し合うことが、ウェルビーイングにつながるのだと。

プロフィール [Part 2]

田中浩也 Hiroya Tanaka

1975年、北海道札幌市生まれ。デザインエンジニア／ソーシャルエンジニア。慶應大学環境情報学部（SFC）教授。京都大学人間環境学研究科修了。東京大学工学系研究科社会基盤工学専攻、博士（工学）。2010年のみマサチューセッツ工科大学建築学科客員研究員。2011年に社会実装拠点として国内初・アジア初のファブラボを鎌倉に開設。2012年に研究開発拠点として慶應義塾大学SFC研究所ソーシャルファブリケーションラボを設立、以後代表を務める。

小林 茂 Shigeru Kobayashi

情報科学芸術大学院大学［IAMAS］教授。博士（メディアデザイン学・慶應義塾大学大学院メディアデザイン研究科）。1993年より電子楽器メーカーに勤務したのち2004年よりIAMAS。多様なスキルや視点、経験を持つ人々が協働してイノベーションを創出するための手法や、その過程で生まれる知的財産を扱うのに適切なルールを探求。著書に『アイデアスケッチ』（BNN、2017年）『Prototyping Lab 第2版』（オライリー・ジャパン、2017年）など。

伊藤亜紗 Asa Ito

東京工業大学科学技術創成研究院未来の人類研究センター准教授。MIT客員研究員（2019）。専門は美学、現代アート。もともと生物学者を目指していたが、大学3年次より文転。2010年に東京大学大学院人文社会系研究科基礎文化研究専攻美学芸術学専門分野博士課程を単位取得のうえ退学。同年、博士号を取得（文学）。主な著作に『目の見えない人は世界をどう見ているのか』（光文社、2015年）、『どもる体』（医学書院、2018年）、『記憶する体』（春秋社、2019年）など。WIRED Audi INNOVATION AWARD 2017受賞。

木村大治 Daiji Kimura

京都大学大学院アジア・アフリカ地域研究研究科教授。理学博士。コンゴ民主共和国、カメルーンなどで人類学的調査に携わるとともに、コミュニケーション論に関する理論的研究をおこなっている。おもな著書に『共在感覚 ―アフリカの二つの社会における言語的相互行為から』（京都大学学術出版会、2003年）、『括弧の意味論』（NTT出版、2011年）、『見知らぬものと出会う ―ファースト・コンタクトの相互行為論』（東京大学出版会、2018年）などがある。

ラファエル A. カルヴォ Rafael A. Calvo

シドニー大学教授（ソフトウェア・エンジニアリング）、同大学ポジティブ・コンピューティング研究所ディレクター、オーストラリア研究会議（ARC）フーチャーフェロー。著書に『Positive Computing: Technology for Wellbeing and Human Potential』（The MIT Press、2014年／邦訳『ウェルビーイングの設計論』）など。

吉田成朗 Shigeo Yoshida

2012年東京大学工学部機械情報工学科卒業。2014年同大学大学院学際情報学府修士課程修了。2017年同大学大学院博士課程修了。博士（学際情報学）。2017年より同大学大学院情報理工学系研究科知能機械情報学専攻助教。2018年より科学技術振興機構（JST）さきがけ研究員（兼任）。情報処理推進機構（IPA）スーパークリエータ認定。グッドデザイン賞、東京大学総長賞など、さまざまな賞を受賞。主に感情体験や知覚体験を誘発する工学的装置の設計に関する研究に従事。

岡田美智男 Michio Okada

NTT基礎研究所、国際電気通信基礎技術研究所（ATR）などを経て、2006年より豊橋技術科学大学 情報・知能工学系教授。子どもたちの手助けを引き出しながらゴミを拾い集める〈ゴミ箱ロボット〉、モジモジしながらティッシュを配ろうとする〈アイ・ボーンズ〉などの〈弱いロボット〉と人とのコミュニケーションを研究。主著に『弱いロボット』（医学書院、2012年）、『〈弱いロボット〉の思考』（講談社現代新書、2017年）、『ロボットの悲しみ』（共編著、新曜社、2014年）など。

石川善樹 Yoshiki Ishikawa

1981年、広島県生まれ。東京大学医学部健康科学科卒業、ハーバード大学公衆衛生大学院修了後、自治医科大学で博士（医学）取得。公益財団法人Well-being for Planet Earth代表理事。「人がよりよく生きる（ウェルビーイング）とは何か」をテーマとして、企業や大学と学際的研究を行う。専門分野は、予防医学、行動科学、計算創造学など。著書に『問い続ける力』（ちくま新書、2019年）などがある。

安田 登 Noboru Yasuda

能楽師（ワキ方・下掛宝生流）。全国各地の舞台出演や海外での公演も行う。また、シュメール語による神話『イナンナの冥界下り』でのヨーロッパ公演や、金沢21世紀美術館の委嘱依頼による『天守物語（泉鏡花）』の上演、島根の神楽を取り入れた『古事記』など、能・音楽・朗読を融合させた舞台を数多く創作、出演する。NHK100分de名著『平家物語』で講師と朗読を担当。著書多数。

神居文彰 Monsho Kamii

平等院住職。愛知県生まれ。1993年より現職。10歳で多くの尼僧の手により剃髪、お寺に入る。1991年大正大学大学院博士後期課程満期退学。現在は平等院ミュージアム鳳翔館 館長（府20号）、（独法）国立文化財機構 運営委員、（公財）美術院 監事などを務める。また東京藝術大学・佛教大学・メンタルケア協会などで、非常勤講師。主著に『平等院物語　ああ良かったといえる瞬間』（四季社、2000年）などがある。約30年平等院の様々な修理事業を先導してきた。

出口康夫 Yasuo Deguchi

1962年生まれ。京都大学大学院文学研究科博士課程修了。博士（文学）。現在、京都大学副プロボスト（理事補）・人社未来形発信ユニット長・応用哲学倫理学教育研究センター長・文学研究科哲学専修教授。哲学（数理哲学・分析アジア哲学等）を研究。近著に『The Moon Points Back』『What Cant' Be Said』（ともにOxford University Press）等がある。

小澤いぶき Ibuki Ozawa

認定NPO法人PIECES代表理事、東京大学医学系研究科客員研究員／精神科専門医／児童精神科医。精神科医を経て、トラウマケアを専門としながら児童精神科医として複数の病院で勤務したのち、行政機関において予防医療、地域医療に関わる。それぞれのウェルビーイングが大切にされる寛容な社会を目指してNPOにおいて市民参加プログラムを実施している。JWLIフェロー。2017年3月には、子どものウェルビーイング達成に向けたザルツブルグステイトメント作成に参画した。

山口揚平 Yohei Yamaguchi

ブルー・マーリン・パートナーズ株式会社 代表取締役。早稲田大学政治経済学部／東京大学大学院修士。大手コンサルティング会社でM&Aに従事し、企業再生プロジェクトに携わった後、独立・起業。現在は、コンサルティング会社をはじめ、複数の事業・会社を運営する傍ら、執筆・講演活動を行う。専門は貨幣論・情報化社会論。著書に『新しい時代のお金の教科書』（ちくまプリマー新書、2017年）、『1日3時間だけ働いておだやかに暮らすための思考法』（プレジデント社、2019年）など多数。

水野 祐 Tasuku Mizuno

法律家・弁護士（シティライツ法律事務所）。Creative Commons Japan 理事。Arts and Law理事。東京大学大学院人文社会系研究科・慶應義塾大学SFC非常勤講師、リーガルデザイン・ラボ主宰。グッドデザイン賞審査員。JST/RISTEXの「人と情報のエコシステム（HITE）」内の「日本的Wellbeingを促進する情報技術のためのガイドラインの策定と普及」メンバー。著作に『法のデザイン 一創造性とイノベーションは法によって加速する』（フィルムアート社、2017年）など。Twitter : @TasukuMizuno

生貝直人 Naoto Ikegai

東洋大学准教授。慶應義塾大学総合政策学部卒業、東京大学大学院学際情報学府博士課程修了。博士（社会情報学）。東京大学客員准教授、東京芸術大学特別研究員等を兼務。国立情報学研究所特任研究員、東京大学附属図書館・大学院情報学環特任講師、情報通信総合研究所研究員等を経て2018年4月より現職。著書に『情報社会と共同規制：インターネット政策の国際比較制度研究』（勁草書房、2011年）等。専門分野は情報政策の国際比較。

編著

安藤英由樹 Hideyuki Ando

大阪大学大学院 情報科学研究科 准教授、大阪芸術大学アートサイエンス学科 客員教授。専門はバーチャルリアリティの分野において、前庭電気刺激、無意識に着目したインタフェースなどを研究する傍ら、芸術表現としての先端的科学技術の社会貢献にも関心を寄せ、自らもアーティストとコラボレーションして作品制作や展示を行なう。平成20年度文化庁メディア芸術祭アート部門において優秀賞受賞。

坂倉杏介 Kyosuke Sakakura

東京都市大学 都市生活学部 准教授。三田の家LLP 代表。専門はコミュニティマネジメント。多様な主体の相互作用によってつながりと活動が生まれる「協働プラットフォーム」という視点から、地域や組織のコミュニティ形成手法を実践的に研究している。芝の家やご近所イノベーション学校（港区)、おやまちプロジェクトや世田谷コミュニティ財団（世田谷区）をはじめ様々な地域のコミュニティ事業を手掛ける。

村田藍子 Aiko Murata

NTTコミュニケーション科学基礎研究所 人間情報研究部リサーチ・アソシエイト。博士（文学)。専門は社会心理学。人間の情動的共感の起こり方の特徴について、生体反応計測と主観評定を組み合わせて研究している。主著に『情動と意思決定』(共著、2015年、渡邊正孝・船橋新太郎（編）第5章「集団行動と情動」、朝倉書店)、『ウェルビーイングの設計論』(共訳、2017年、BNN)。

監修・編著

渡邊淳司 Junji Watanabe

NTTコミュニケーション科学基礎研究所 人間情報研究部 上席特別研究員。人間の知覚特性を利用したインタフェース技術を開発、展示公開するなかで、人間の感覚と環境との関係性を理論と応用の両面から研究している。主著に『情報を生み出す触覚の知性』(2014年、化学同人、毎日出版文化賞受賞)、『ウェルビーイングの設計論』(監訳、2017年、BNN)、『情報環世界』(共著、2019年、NTT出版)。

ドミニク・チェン Dominick Chen

早稲田大学文化構想学部・表象メディア論系准教授。公益財団法人Well-Being for Planet Earth 理事、NPO法人soar 理事、NPO法人コモンスフィア 理事。ウェルビーイング、発酵、生命性をキーワードに、メディアテクノロジーと人間の関係性を研究している。主著に『未来をつくる言葉―わかりあえなさをつなぐために』(2020年、新潮社)、『ウェルビーイングの設計論』(監訳、2017年、BNN)。

謝辞

本書全体に通底するウェルビーイングの研究の取り組みに関して、および本書イントロダクションとPart 3の内容に関しては、「日本的Wellbeingを促進する情報技術のためのガイドラインの策定と普及」(科学技術振興機構社会技術研究開発センター（JST／RISTEX)「人と情報のエコシステム」研究領域)における研究成果に基づくものである。

初出・出典一覧

[Part 1]

日本バーチャルリアリティ学会誌 VOL.23 NO.1（2018年3月31日発行 1SSN1342-6680）より以下の論文を改変・再構成。

- 「ウェルビーイングを促進する情報技術」安藤英由樹、渡邊淳司
  →P.26〜33 | 1.0　ウェルビーイングの「見取り図」
- 「持続的ウェルビーイングを実現する心理要因」渡邊淳司、村田藍子、安藤英由樹
  →P.34〜49 | 1.1　「わたし」のウェルビーイング
- 「コミュニティとテクノロジーの共進化プラットフォーム — ウェルビーイング・ラボによる地域社会のアップデートに向けて」坂倉杏介
  →P.60〜75 | 1.3　コミュニティと公共のウェルビーイング
- 「インターネットにおけるwell-being の問題と日本社会における対応可能性について」ドミニク・チェン
  →P.76〜89 | 1.4　インターネットのウェルビーイング

ウェブサイト「WIRED.jp」より以下の記事を改変・再構成。

- 「わたし」のウェルビーイングから、「わたしたち」のウェルビーイングへ　ドミニク・チェン
  https://wired.jp/2019/03/14/well-being-dominique-chen/
  →P.50〜59 | 1.2　「わたしたち」のウェルビーイング

[Part 2]

日本バーチャルリアリティ学会誌 VOL.23 NO.1（2018年3月31日発行 1SSN1342-6680）より以下の論文を改変・再構成。

- 「感情を誘うテクノロジーと行動変容」吉田成朗
  →P.103〜114 | 2.1.1　感情へのアプローチが行動を変える

ウェブサイト「amu」より以下の記事を改変・再構成。

- ウェルビーイングへのアプローチ—日本的ウェルビーイングの可能性 vol.3
  [スピーカー（特別ゲスト）] 石川善樹
  http://www.a-m-u.jp/report/201703_wellbeing3.html/
  →P.207〜213 | 2.4.1　「日本的ウェルビーイング」を理解するために

NTT研究所発 触感コンテンツ専門誌『ふるえ』Vol.27「生きるために必要なこと」（2020年2月1日発行）より、以下のインタビューを改変・再構成。

- 「「生きるための欲求」を引き出すデジタルファブリケーション」田中浩也
  →P.126〜135 | 2.1.3　「生きるための欲求」を引き出すデジタルファブリケーション

わたしたちのウェルビーイングを つくりあうために
——その思想、実践、技術

2020年3月16日　初版第1刷発行
2023年6月15日　初版第5刷発行

監修・編著　渡邊淳司、ドミニク・チェン
編著　安藤英由樹、坂倉杏介、村田藍子
デザイン　waonica
編集　村田純一、伊藤千紗、矢代真也、石神俊大
構成　石神俊大（1.0、1.1、1.3、2.4.3、3.1〜3.3）
川鍋明日香（2.2.3、2.3.1、2.4.1）
高木 望（1.2、1.4、2.1.1、Discussion）
矢代真也（Introduction、2.0、2.1.3、2.2.2、2.4.2）

発行人　上原哲郎

発行所　株式会社ビー・エヌ・エヌ
〒150-0022 東京都渋谷区恵比寿南一丁目20番6号
FAX：03-5725-1511　E-mail：info@bnn.co.jp
www.bnn.co.jp

印刷・製本　日経印刷株式会社

ISBN978-4-8025-1161-2
Printed in Japan